法政大学イノベーション・マネジメント研究センター叢書 | 4

企業家活動でたどる 日本の自動車産業史

日本自動車産業の先駆者に学ぶ

法政大学イノベーション・マネジメント研究センター
宇田川 勝
［監修］

宇田川 勝・四宮正親
［編著］

東京 白桃書房 神田

監修にあたって

　私たちは，1997年から法政大学産業情報センター（現・イノベーション・マネジメント研究センター）の研究プロジェクトとして企業家史研究会を発足させ，日本経営史上の主要テーマと，それをもっともよく体現した企業家活動のケースについて発掘・考察に努めている。そして，その成果を順次，下記の共著の形で刊行してきた。

(1) 法政大学産業情報センター・宇田川勝編『ケースブック 日本の企業家活動』（有斐閣，1999年）
(2) 法政大学産業情報センター・宇田川勝編『ケース・スタディー 日本の企業家史』（文眞堂，2002年）
(3) 法政大学イノベーション・マネジメント研究センター・宇田川勝編『ケース・スタディー 戦後日本の企業家活動』（文眞堂，2004年）
(4) 法政大学イノベーション・マネジメント研究センター・宇田川勝編『ケース・スタディー 日本の企業家群像』（文眞堂，2008年）
(5) 宇田川勝・生島淳編『企業家に学ぶ日本経営史』（有斐閣，2011年）

　(1)〜(4)の著作はケース集で，日本経営史の主要テーマに即して代表的な企業家2名を取り上げ，両者の企業家活動の対比を通してテーマとケースについての解説と検討を行い，4冊で総計46テーマ・92名の企業家を登場させた。(5)の著作は2007〜2008年度に開催された社会人向けの公開講座「日本の企業家史・戦前編」「同・戦後編」の講義と，そこでの議論を踏まえて作成された日本経営史・企業家史の教科書である。同書は上記のケース集の中から選りすぐった22のテーマ・ケース（企業家は1名に限定）と4つのコラムを収録し，企業家のダイナミックな活動を通して，日本経営史をいきいきと描いている。

　今回の「企業家活動でたどる日本の産業（事業）史」シリーズは，起業精神に富み，革新的なビジネス・モデルを駆使して産業開拓活動に果敢に挑戦し，その国産化を次つぎに達成していった企業家たちの活動を考察することを目的としている。明治維新後，約30年間で西欧先進国以外で最初の産業革命を実現し，そして第二次世界大戦で廃墟と化した日本を再建し，「経済大国」に発展させた原動力が企業家たちの懸命な産業開拓活動にあったことは多言を要しない。

　いま，日本経済はバブル崩壊後の混迷から脱出し，また，進行する少子高齢化社会に新たな活路を切り開くため，産業構造の転換と新産業の創出が至上命題になっている。私たちが，先人たちの産業開拓活動に取り組んだ「創造力」と「想像力」から学ぶべき事は多いと思われる。

　今回のシリーズは，企業家史研究会メンバー以外の方にも講師をお願いし，公開講座を実施したのち，その成果を取りまとめて，順次刊行する予定である。

　本シリーズが上記の著作と同様に多くの読者を得，日本経営史・企業家史の研究と学習に資することができれば望外の喜びである。

宇田川　勝

法政大学イノベーション・マネジメント研究センター公開講座　法政大学エクステンション・カレッジ特別セミナー

企業家活動でたどる日本の自動車産業史
—日本自動車産業の先駆者に学ぶ—

今日、自動車産業は激動の時代を迎え、各メーカーとも生き残りを賭けた活動を展開しています。今回の講座では、日本自動車産業の創生と発展をけん引した代表的な企業家を取り上げ、彼らの斬新な構想力と革新的な活動の視点からわが国の自動車産業史を検証します。21世紀の自動車産業のあり方を展望する上で、彼らの企業活動は示唆に富み、学ぶべき教訓は多いと思われます。講師は本学イノベーション・マネジメント研究センターの研究プロジェクト「企業家史研究会」のメンバーと外部の専門家が担当します。

講座内容　※開場は、全日12:30からです。

第1部　2010年10月16日（土）
- 13:00～14:10　日本の自動車事業事始①：梁瀬 長太郎、柳田 諒三
  芦田 尚道（あしだ ひさみち）東京大学ものづくり経営研究センター特任研究員、「企業家史研究会」メンバー
- 14:15～15:25　日本の自動車事業事始②：橋本 増治郎、豊川 順弥
  宇田川 勝（うだがわ まさる）法政大学経営学部教授、イノベーション・マネジメント研究センター所員、「企業家史研究会」代表

第2部　2010年11月13日（土）
- 13:00～14:10　自動車産業の創生と企業活動①：星子 勇
  本山 聡毅（もとやま そうき）熊本県商工会連合会商工会指導員
- 14:15～15:25　自動車産業の創生と企業活動②：鮎川 義介
  宇田川 勝（うだがわ まさる）法政大学経営学部教授、イノベーション・マネジメント研究センター所員、「企業家史研究会」代表
- 15:30～16:40　自動車産業の創生と企業活動③：豊田 喜一郎
  四宮 正親（しのみや まさちか）関東学院大学経済学部教授、「企業家史研究会」メンバー

第3部　2010年12月18日（土）
- 13:00～14:10　自動車産業の発展①：神谷 正太郎、大野 耐一、豊田 英二
  四宮 正親（しのみや まさちか）関東学院大学経済学部教授、「企業家史研究会」メンバー
- 14:15～15:25　自動車産業の発展②：本田 宗一郎、藤沢 武夫
  太田原 準（おおたはら じゅん）同志社大学商学部准教授
- 15:30～16:40　自動車産業の発展③：鈴木 道雄、石橋 正二郎
  長谷川 直哉（はせがわ なおや）山梨大学大学院医学工学総合研究部准教授、「企業家史研究会」メンバー

会場　法政大学市ヶ谷キャンパス（富士見校舎）ボアソナード・タワー25階 イノベーション・マネジメント研究センターセミナー室
対象　学生、一般社会人、企業経営者に関心のある方、企業広報・社史の担当者　**定員**　40名（最低催行人数10名）

受講料
【全3部の受講】
- ■一般：15,000円
- ■法政大学学生（学部生・大学院生・通信教育部本科生・付属校在校生）・法政大学卒業生・一般優待対象者・法政オレンジCAMPUSカード会員：10,000円

【部単位の受講】
- ■一般：6,000円
- ■法政大学学生（学部生・大学院生・通信教育部本科生・付属校在校生）・法政大学卒業生・一般優待対象者・法政オレンジCAMPUSカード会員：4,000円

受講申込・受講料お支払について
① エクステンション・カレッジのホームページにアクセスしてください。➡ https://www.hosei.org/
　※お申込に際しては、エクステンション・カレッジへの会員登録（無料）が必要となります。
② トップページの 講座一覧 より、本講座（特別セミナー「企業家活動でたどる日本の自動車産業史」、講座番号：A107001 ）をクリックしてください。
③ 講座案内末尾の 全3部お申込み あるいは 第1部お申込み 第2部お申込み 第3部お申込み よりお申込ください。
　※FAX、郵便でのお申込方法については、エクステンション・カレッジまでお問い合わせください。
④ 受講料のお支払については、開講2週間前までに指定口座にお振り込みください。
　※指定口座および振込の際のご注意については、エクステンション・カレッジのホームページをご覧ください。

お問い合わせ
■申込・お支払方法
　法政大学エクステンション・カレッジ
　TEL: 03-3264-6098　FAX: 03-3264-6099　E-mail: help@hosei.ac.jp
　URL: https://www.hosei.org/
■上記以外のお問い合わせ
　法政大学イノベーション・マネジメント研究センター
　TEL: 03-3264-9420　FAX: 03-3264-4690　E-mail: cbir@adm.hosei.ac.jp
　URL: http://www.hosei.ac.jp/fujimi/riim

法政大学市ヶ谷キャンパス（富士見校舎）ボアソナード・タワー25階
イノベーション・マネジメント研究センターセミナー室

法政大学イノベーション・マネジメント研究センター
Riim
〒102-8160 東京都千代田区富士見2-17-1
TEL: 03(3264)9420　FAX: 03(3264)4690

（注）肩書き・所属は当時のもの。

▰執筆者紹介 （執筆順，☆は編著者）

☆宇田川　勝（うだがわ　まさる）　　　　　　担当：序章，第2章，第4章
　　法政大学経営学部教授

☆四宮　正親（しのみや　まさちか）　　　　　　担当：序章，第5章，第6章
　　関東学院大学経済学部教授

　芦田　尚道（あしだ　ひさみち）　　　　　　　担当：第1章
　　東京大学ものづくり経営研究センター特任研究員

　本山　聡毅（もとやま　そうき）　　　　　　　担当：第3章
　　熊本県商工会連合会・商工会指導員

　太田原　準（おおたはら　じゅん）　　　　　　担当：第7章
　　同志社大学商学部准教授

　長谷川　直哉（はせがわ　なおや）　　　　　　担当：第8章
　　法政大学人間環境学部教授

序　章

企業家活動でたどる日本の自動車産業史
―日本自動車産業の先駆者に学ぶ―

宇田川　勝・四宮　正親

1 本書刊行の経緯と意図

　本書は，2010（平成22）年10月から12月にかけて3回実施された2010年度法政大学イノベーション・マネジメント研究センター，法政大学エクステンションカレッジ共催による公開講座「企業家活動でたどる日本の自動車産業史―日本自動車産業の先駆者に学ぶ―」の講義にもとづいて編集されたものである。

　公開講座の実施に際しては，研究者・学生はもとより業界関係者や一般のみなさんにも広く参加を呼びかけ，多くの貴重なご意見を頂戴することができた。改めて厚くお礼を申し上げたい。また，講座の実施と本書の刊行にあたりご協力をいただいた法政大学イノベーション・マネジメント研究センターのスタッフにお礼を申し上げたい。

　講座の時と同様に，本書を編むにあたってとくに留意したのは，一般のみなさんに少しでも自動車産業の歴史や，そこで活躍した企業家像に親しんで欲しいということである。自動車関連産業は就業人口の10％を吸収する産業であるとともに，多くの素材や部品からなる影響力の大きな産業であり，現在でもなおリーディングインダストリーの座に君臨する重要性の高い産業である。そのような自動車産業の成り立ちと，そこで苦心しつつ産業の育成に貢献した企業家の現実の姿に思いを巡らしていただきたいというのが，本書の意図すると

ころである。

　さて，本書は，企業家活動を通じて日本の自動車産業史を論じる試みであるため，自動車産業の歴史的な発展に関わる全体像をつかみにくいといううらみがある。そこで，まず，日本自動車産業の歴史的な発展の様相について簡単にスケッチし，読者の理解に供したい。

2 日本自動車産業の略史

【戦前期】

　日本では，明治30年代に自動車が初めて持ち込まれて以降，1902（明治35）年には，内山駒之助と吉田真太郎により，1904年には山羽虎夫によって，自動車の試作が行われた。大正時代には，ダット号やオートモ号などの製造が，それぞれ快進社と白楊社によって行われてもいる。しかし，20世紀の初めから自動車の試作が続けられたわりに，日本の自動車産業の基盤整備と企業としての採算性の確保は，遅々として進まなかった。それは，自動車製造に取り組んだ当時の技術者の多くが独善的で，資本を社会に広く求めるという努力を怠っていたことや，外国に存在する先進技術の導入に消極的な姿勢をとったことなどが要因であった。また，自動車製造に取り組んだ当時の人々には，自動車が大量生産と大量販売を前提とした産業であるという認識がなかった。

　そのような状況のもとで，第一次世界大戦ブームによって大きな利益を得た造船業では，多角化戦略の一環として自動車製造事業に進出する企業も現れた。当時の造船業は，資本と技術に恵まれた日本の先進産業として，原動機から工作機械にいたるまで自製しており，自動車製造に必要な条件を備えた総合機械工業の1つであった。

　東京石川島造船所や三菱神戸造船所が自動車製造に進出したが，自動車製造と造船業とでは，産業の持つ性格が大きく異なっていた。注文生産を特徴とする造船業が，自動車製造事業に乗り出しても，大量生産と大量販売のシステムを構築することが困難であった。また，第一次世界大戦後の不況のなかで，自動車事業は早速経営の困難に直面した。そのような折に，自動車事業の継続に大きな意味を持ったのが，軍用自動車補助法であった。

自動車の軍事利用に着目した軍部の主導で，1918（大正7）年に制定された軍用自動車補助法は，年間100台以上の生産能力を持つメーカーを指定して，製造補助金支給のもとで軍用保護自動車を生産させ，購入者にも購入と維持のための補助金を支給することで，生産と保有を促進することを目指した。そして，有事に際して，それらの自動車を軍部で徴発することが最終目的であった。同法の有資格者となったのが，東京石川島造船所自動車部，東京瓦斯電気工業自動車部，ダット自動車製造の3社であった。当時の国産メーカーは，大戦後の慢性不況のなかで経営不振にあえぎ，その多くが自動車製造から撤退し，上記の3社が同法の保護によりかろうじて製造を続けているという有様だった。また，1923年の関東大震災で生まれた復興需要で，そのビジネスチャンスをつかんだのは国産メーカーではなかった。

日本への復興用自動車の輸出を契機に，アメリカのフォード社とゼネラルモーターズ（GM）社が，日本における組立生産を実施した。そして，両社が日本で行ったフランチャイズ・システムによるディーラー展開と販売金融が効果を発揮して，短期間に日本市場を制覇していった。両社は，ともに各県に1つのディーラーを展開して，12カ月の月賦による自動車の販売を開始した。従来，その多くが輸入され，富裕層の道楽やわずかな営業用としての利用しかなかった自動車は，新たな大量生産と大量販売の時代を迎え，人々の自動車に対する認識も大きく変わっていった。

その後，1930（昭和5）年の規格改定により，日本初の小型四輪車として型式認定を受けたのが，500ccのダット号である。ダット号は，快進社によって製造され，性能も一定の評価を得ていた。快進社は，大正末の外資系企業との競争のなかで経営を悪化させ，久保田鉄工所傘下の実用自動車と合併し，ダット自動車製造となった。1931年，鮎川義介率いる戸畑鋳物は，ダット自動車製造を買収し，ダット号の改良車を製造した。ダット号の息子として「ダットソン（DATSON）」と命名されたが，ソンは損に通じることを嫌い，ライジングサンのサン（SUN）を利用して，ダットサン（DATSUN）と改称された。ダット自動車製造と石川島自動車製作所が1933年に合併し，自動車工業株式会社に生まれ変わると，戸畑鋳物のダットサン製造権も新会社に継承された。そこで，戸畑鋳物は自動車工業と交渉して，ダットサンの製造権を無償で獲得

することに成功した。自動車工業株式会社が目標としていたのは，軍用の大型自動車生産で，小型車のダットサンは同社には必要ないものとみなされた。戸畑鋳物自動車部でのダットサン生産が再開された。鮎川によって，1933年12月に自動車製造株式会社が設立され，翌年，社名が日産自動車に改められた。

まず，鋳物の技術を活用して自動車部品を生産し，日本フォード，日本GMに納入したうえで，部品生産から自動車生産に乗り出すことを構想していた鮎川は，日本GMを買収して，GMの技術を導入しようという思惑を有していた。しかし，日本産業とGMとの交渉は，軍部の介入で成立しなかった。最終的には，デトロイトのグラハム・ページ自動車会社の製造設備を横浜工場に移設して，量産体制を整えていった。

日産が生産するダットサンをはじめとして，京三製作所，発動機製造，東洋工業，宮田製作所などが生産する多くの小型車が市場に登場した。運転免許は不要で，車庫の必要もないという特典を持つ日本特有の車両規格である小型自動車は，モータリゼーションの素地を醸成した。

この間，自動車関係製品の輸入は，日本フォード，日本GMの組立生産によって，次第に増加していった。輸入品総額に占める割合も漸増して，国際収支の悪化の1つの要因ともなっていった。一方，軍用車の安定供給を目指す軍部は，国産メーカーの早期確立を期待していた。1926（大正15）年に貿易収支の改善を目指して，商工省に諮問機関として置かれた国産振興委員会に，1929（昭和4）年「自動車工業を確立する方策如何」が諮問され，その答申にもとづいて1931年5月，自動車工業確立調査委員会が設置された。同委員会の決定を受けて，商工省は国産3社（石川島自動車製作所，東京瓦斯電気工業自動車部，ダット自動車製造）共同の標準規格車を定め，助成策を講じながら規模の経済性を追求しようとした。その結果，商工省標準型式自動車が生まれた。排気量4,390cc，6気筒のエンジンを搭載したトラック（積載量1.5～2.0トン）とバスが，積載量と定員別にあわせて5種，標準車に定められた。

しかし，標準車の生産に取り組んだ国産3社は，すでに量産量販体制を整えていた日本フォード，日本GMの競争相手とはなりえなかった。また，確立調査委員会が確立策に盛り込んだ国産3社の合同についても，東京瓦斯電気工業の不参加によって実現しなかった。輸入を防遏し，満州事変後の軍需にも対

応するため，商工省と軍部は，国産車の育成に積極的な姿勢をみせたが，状況は遅々として進展しなかった。

そこで，1932年6月には国産自動車組合が組織され，生産調整と補助金の割当を内容とした3社カルテルによる経営基盤の確立策が採られた。また同月には，自動車・部品の輸入税率を改正し，部品従価30％を40％に引き上げ，エンジン類は，従量税1,000斤（600キログラム）につき20円が，従価35％へと改定された。国産3社合同の動き自体は，1933年3月の石川島とダットの合併による「自動車工業株式会社」の設立で進展をみる。東京瓦斯電気工業も傍観しているわけにはいかず，12月，自動車工業との共販会社として「協同国産自動車株式会社」の設立を余儀なくされた。これにより，国産自動車組合は自然消滅した。

一方，1931年の満州事変を境に，軍部は発言権を強めて，自動車国産化行政の主導権を握っていった。31年末，陸軍省整備局の伊藤久雄大尉が自動車工業確立に関する研究に着手し，フォード，シボレークラスの大衆車（排気量3,400cc，トラックの積載量1.0〜1.5トン）生産に向けての方策づくりを行った。最終的に，商工省の同意をとりつけ「自動車工業法要綱」がとりまとめられると，1935年8月に閣議決定をみた。同要綱の趣旨は，自動車製造事業を許可制とし，外資系企業を排斥することにおかれていた。その後，同要綱は政府により立法化の過程をたどった。

同要綱の立法化は，日本フォードと日本GMを排斥することと，自動車製造事業を許可制にすることで市場を寡占化し，国産メーカーの生産基盤を確立する最後の策として考えられていた。そのような政府による保護主義の強まりは，外資系企業に自己防衛策としての日本残留戦略を採らせることになった。日本フォードは，製鋼から組立までの一貫生産工場を建設して，既成事実を積み重ねようとした。他方，日本GMは，鮎川義介率いる日本産業との提携を模索した。しかし，両社の対応は日本政府を刺激した。そして，かえって要綱の法制化の動きを早める効果をもたらした。

1936年5月には「自動車製造事業法」が制定されたが，その趣旨は，要綱と同じものであった。法制化に際しては，保護と助成，そして監督の内容を条文化したものが加えられた。なお，同法の特異な点は，その付則に窺われる。

付則には，外資系企業2社の年間生産台数を制限する内容が盛り込まれていた。

同法のもとでの製造事業許可を申請したトヨタと日産は，1937年9月に許可会社に指定された。自動車製造事業法は，外国メーカーの生産を抑制し，成長の見込まれる市場を許可された国内メーカーで確保するための方策であった。そして，その許可会社には，税制上の優遇措置などが施されることになった。

しかし，自動車製造事業法の実施から1年，日中戦争のもとで，同法の構想と実情はかけ離れていった。事業に制約を課したとはいえ，日本フォード，日本GMとの競争と小型車との共存を前提に，国産大衆車工業を確立しようという事業法の構想は，戦時統制経済によって変質していった。経営資源の軍需生産への重点配分によって，その埒外に置かれた外資系企業は撤退し，生産と販売は統制され，小型車・大衆乗用車の生産が犠牲となり，軍需向けに大衆トラックの増産のみが，メーカーに要請されていった。

【戦後期】

終戦後，国際分業の観点から，自動車産業不要論が産業界でも違和感なく受け入れられていた状況のもとで，通産省は外貨の節約と経済波及効果を考慮して自動車産業を育成していく方針を採り，講和条約の発効する1952（昭和27）年4月以降，外国メーカーの資本と製品の対日輸出に厳しい制限を加え，他方，国内メーカーには外国技術の導入を有利にするための低利融資や特別償却などの措置を講じた。特定のメーカーにではなく，幅広く機会均等的に育成の手を差し伸べたのである。さらに1956年に機械工業振興臨時措置法を制定して，自動車部品工業の育成と近代化を推進した。総合機械工業としての自動車産業のインフラ部分への措置であった。政府の保護・育成措置に沿うかたちで，日産・オースチン，日野・ルノー，いすゞ・ルーツなどの外資提携が実施されて外国企業から乗用車技術を学習することができた。

通産省は保護育成策を推進しつつ，一貫して規模の経済性を実現するための業界再編策を指向した。1955年の国民車構想は，その最初の具体的意思の表明であった。排気量350〜500ccで4人乗り，最高時速100キロ以上の乗用車

を価格25万円程度で生産できるメーカーに助成を集中して，スケール・メリットを実現するという構想は，機会均等，自由競争のルールに反するという業界の反対にあって実現されなかった。しかし，国民車という考え方は，高度成長期の乗用車をめぐる環境変化，言い換えれば，所得水準の向上と電化によるライフスタイルの変化にともなう自家用乗用車時代の到来を予見したものであった。したがって，メーカー各社は，政府の予見した方向での車種開発に邁進していくことになった。

1960年代に入ると，貿易・資本の自由化を控えて通産省は自動車産業の体質強化に乗り出していった。60年代に入ると，早々に通産省による3グループ構想が発表された。自動車業界について，乗用車量産グループをはじめ3つのグループに集約化して，規模の経済を追求するというものであった。この構想も業界の反発を招いて実現しなかった。しかし，構想の実施の前に普通乗用車生産に乗り出して実績づくりを狙う本田や東洋工業（現・マツダ）のように，普通乗用車分野への駆け込み参入が促進されるという皮肉な結果をもたらした。

さらに1970年代の資本自由化を前にして，通産省が慫慂した産業の体質強化策である企業の合同についても，日産・プリンス合併のケースのみに終わった。ただ，1965年の輸入自由化とともに，戦後一貫して採られてきた政府による外資からの保護政策が，近い将来撤廃されるという事実が業界に与えた影響は大きいものがあった。単純に合同することで体質強化につながるという考えにはくみさず，個々の企業の特質を生かしつつ相互の弱点を補完しあうという，いわゆる相互補完型提携によって産業の体質強化に向かったのである。戦前からの四輪メーカーである日産，トヨタやいすゞ，乗用車に参入する前は航空機メーカーであった富士重工業，二輪メーカーであった鈴木や本田など，その出自はまちまちで得意とする技術の内容も異なり，終身雇用のもとで各社独自の企業風土を持ち，何よりもコストと品質に優れた部品を供給する多くの部品メーカーの存在によって，合併によるスケール・メリットを追求しなくとも比較的小規模の自動車メーカーでも存立できる条件が存在した。企業合同が進まなかったのは，そのような背景があったからである。そのような背景のなかで，各自動車メーカーは，主体的・自律的に提携を実現していった。その結

果,大型トラック・バスから軽乗用車まで製品をカバーするトヨタ,日野,ダイハツによるトヨタ・グループと日産,日産ディーゼル,富士重工業による日産グループという二大グループを中心に競争は展開することとなった。

乗用車メーカー9社,トラック・バスメーカー2社の11社体制は温存され,他の主な自動車生産国とは異なり,国内市場規模を考慮すればあまりにも多くの企業が併存する状況が定着し,貿易・資本の自由化後の欧米メーカーとの競争に備えて,設備投資と技術開発に各社とも全力をあげた。60年代には,モータリゼーションの進行による需要増大とニーズの多様化,さらには商品ライフ・サイクルの短期化が競争的な産業構造とあいまって進展した。多品種少量生産を効率的に実施することがさらに求められる時代であった。トヨタ生産方式は60年代初めに全社的に採用され,60年代後半には系列部品メーカーに拡大されていった。激しい企業間競争を背景に他社もトヨタ生産方式のメリットに着目し,早期に模倣して自社に適応する形に改良を加えていった。こうして,トヨタ生産方式は,70年代に自動車産業をはじめとして多くの業界に普及することになった。

3 本書の構成

本書全体の構成について説明を加えておきたい。第1部「日本の自動車事業事始」では,明治・大正期における自動車の販売と製造における先駆的な試みを行った企業家について紹介する。第1章では,外国車の販売代理店として梁瀬商会を創業した梁瀬長太郎と,ハイヤー・用品事業を推進するエンパイヤ自動車商会を創業した柳田諒三の企業家活動について検証する(執筆者:芦田尚道)。第2章では,自動車製造の国産化に乗り出した橋本増治郎と豊川順弥の活動について検討する。両者が設立し経営した快進社と白楊社の企業活動が直面した多くの問題を分析することを通じて,当時の日本における自動車産業の限界を明らかにする(執筆者:宇田川勝)。

第2部「自動車産業の創生と企業活動」では,わが国の自動車産業発展における二大潮流である大型特殊車両・ディーゼルエンジンと乗用車・ガソリンエンジンに関わる企業について紹介する。第3章では,わが国に大型特殊車両と

ディーゼルエンジンの技術をもたらした星子勇について検証する（執筆者：本山聡毅）。第4章では，日産コンツェルンの経営多角化の一環として生まれた日産自動車の創業と経営について，鮎川義介の自動車産業進出構想との関わりのなかで検討する（執筆者：宇田川勝）。第5章では，紡織業の将来性に危惧を感じた豊田喜一郎の構想にもとづく自動車産業進出の様相を再考する（執筆者：四宮正親）。

　第3部「自動車産業の発展」では，戦後の自動車産業発展の諸相について紹介する。第6章では，戦後，日本の実情に沿うかたちで自動車販売システムを育成し，「販売のトヨタ」をつくりあげた神谷正太郎，「必要な時に，必要なものを，必要なだけ」生産するトヨタ生産方式を考案した大野耐一，戦後のモータリゼーションをリードする意思決定を行った豊田英二の3人について検討する（執筆者：四宮正親）。第7章では，戦後，新たに自動車生産に乗り出した本田技研工業の革新的企業行動と国際化について，創業者本田宗一郎と藤沢武夫の経営理念を念頭に置いて分析する（執筆者：太田原準）。第8章では，戦後のモータリゼーションを下支えした軽自動車メーカースズキの創業者・鈴木道雄と，戦前戦後，自動車タイヤ生産を通じて自動車産業発展に貢献したブリヂストンの創業者・石橋正二郎の新規事業進出の側面について検討する（執筆者：長谷川直哉）。

　本書を通じて，日本における自動車産業の発展についてのイメージを持っていただければ，執筆者一同，望外の喜びとするところである。

　最後に，編集にあたりご尽力いただいた白桃書房・河井宏幸さんにお礼を申し上げるとともに，法政大学イノベーション・マネジメント研究センターより刊行助成を受けたことを記しておく。

目　次

序　章　企業家活動でたどる日本の自動車産業史
―日本自動車産業の先駆者に学ぶ―

1. 本書刊行の経緯と意図 …………………………………………… 1
2. 日本自動車産業の略史 …………………………………………… 2
3. 本書の構成 ………………………………………………………… 8

第1部　日本の自動車事業事始

第1章　日本における自動車販売の胎動
―梁瀬長太郎・柳田諒三―

- はじめに ……………………………………………………………… 17
1. 梁瀬長太郎と梁瀬商会 …………………………………………… 18
2. 柳田諒三とエンパイヤ自動車商会 ……………………………… 29
- おわりに ……………………………………………………………… 41

第2章　日本における自動車製造の胎動
―橋本増治郎・豊川順弥―

- はじめに ……………………………………………………………… 45
1. 橋本増治郎と快進社 ……………………………………………… 46
2. 豊川順弥と白楊社 ………………………………………………… 57
- おわりに ……………………………………………………………… 64

第2部　自動車産業の創生と企業活動

第3章　大型車，エンジン，ディーゼル技術の胎動
　　　　　　──星子勇──

- はじめに ……………………………………………………………… 69
- 1　星子勇のキャリア形成と戦前の自動車工業 ……………………… 70
- 2　自動車と陸軍，ディーゼルエンジン ……………………………… 77
- 3　エンジニアとして，さらに飛行機への視点 ……………………… 81
- 4　戦後への継承 ……………………………………………………… 85
- おわりに ……………………………………………………………… 86

第4章　日産自動車の創業と企業活動──鮎川義介──

- はじめに ……………………………………………………………… 89
- 1　戸畑鋳物の経営と自動車部品事業への進出 ……………………… 90
- 2　日産自動車設立と自動車国産化構想 ……………………………… 93
- 3　日産自動車と東京自動車工業の合同計画と満州における
　　自動車製造事業 …………………………………………………… 104
- おわりに …………………………………………………………… 111

第5章　トヨタ自動車の創業と企業活動──豊田喜一郎──

- はじめに …………………………………………………………… 115
- 1　豊田喜一郎の誕生 ………………………………………………… 116
- 2　喜一郎と自動織機開発 …………………………………………… 118
- 3　自動車事業への進出 ……………………………………………… 120
- 4　自動車事業の確立 ………………………………………………… 128
- おわりに …………………………………………………………… 135

第3部　自動車産業の発展

第6章　トヨタの経営発展
―神谷正太郎・大野耐一・豊田英二―

- ■ はじめに ………………………………………………………… 141
- 1 神谷正太郎 …………………………………………………… 142
- 2 大野耐一 ……………………………………………………… 151
- 3 豊田英二 ……………………………………………………… 159
- ■ おわりに ………………………………………………………… 163

第7章　製品技術と国際化をリードした経営
―本田宗一郎・藤沢武夫―

- ■ はじめに ………………………………………………………… 167
- 1 ROAからみた日本自動車業界の長期推移 ………………… 168
- 2 ホンダの強み ………………………………………………… 169
- 3 創業者の役割再考 …………………………………………… 174
- ■ おわりに ………………………………………………………… 180

第8章　モータリゼーションを支えた製品と戦略
―鈴木道雄・石橋正二郎―

- ■ はじめに ………………………………………………………… 185

鈴木道雄――軽自動車のフロンティア

- 1 自動織機のブランド戦略 …………………………………… 186
- 2 オートバイ事業への進出 …………………………………… 189
- 3 軽自動車メーカーへの飛躍 ………………………………… 192

石橋正二郎——自動車タイヤのトップブランド

1 市場創造とブランド戦略 ……………………………………… 197
2 国産タイヤへのチャレンジ …………………………………… 202
3 ブリヂストンの再生と技術革新 ……………………………… 205
4 事業多角化の明暗 ……………………………………………… 207
5 同族経営からの脱却と経営の近代化 ………………………… 210
■ おわりに ………………………………………………………… 210

索　引

第1部
日本の自動車事業事始

第 1 章

日本における自動車販売の胎動
―梁瀬長太郎・柳田諒三―

芦田　尚道

■ はじめに

　日本の自動車メーカーに目を向けたとき，例えばトヨタ自動車は現在の代表的な，かつ歴史ある企業のひとつである。同社の創業者豊田喜一郎が，豊田自動織機製作所社長の義兄・利三郎から自動車事業進出の内諾を得たのは，早くとも 1931（昭和 6）年末のことだった（和田・由井［2001］）。国産大衆車の製造を目指したトヨタと異なり，軍用の大型トラックに長い歴史を持ついすゞ自動車の場合だと，前身の東京石川島造船所が 1918（大正 7）年，イギリスのウーズレー社と提携して自動車製造に着手している（いすゞ自動車編［1988］）。

　しかし，幅広い業種を取り上げた自動車産業のベーシックな歴史書を読めば，こうした製造会社よりも前から，日本で自動車に関わる事業に踏み出した者がいたことがわかる。輸入外車によってハイヤー，バスを始めた運輸業者や，そのような彼らに自動車を販売した外車ディーラーである（自動車工業会編［1965；1967］）。

　本章で取り上げる外車ディーラー――梁瀬長太郎と柳田諒三は，それぞれ梁瀬商会（後に梁瀬自動車株式会社）の看板を 1915 年，エンパイヤ自動車商会の看板を 1913 年に掲げた。その後，梁瀬商会はビュイックを中心にジェネラル・モーターズ（以下，GM）製自動車などの販売で，エンパイヤ自動車商会はハイヤー事業と自動車用補修部品販売で大正期に活躍した。1920 年代にア

梁瀬長太郎　　　　　　　　　　　柳田諒三
(出所)「日本自動車史と梁瀬長太郎」刊行會編[1950]。(出所) エンパイヤ自動車編 [1983]。

メリカ二大メーカーのフォードとGMが日本に進出した後は，ともに両社の有力ディーラーとなった。戦時期を経て，戦後65年余を経た現在においても，彼らを創業者とする企業は自動車業界で確かな位置を占めている。その意味からも，彼らは自動車販売の先駆者であると同時に，自動車産業における成功者の先覚ということができるだろう。

1 梁瀬長太郎と梁瀬商会

(1) 三井物産への入社

　梁瀬長太郎は1879（明治12）年，群馬県碓氷郡豊岡村（現・高崎市）に梁瀬孫平の長男として生まれた。梁瀬家は農業，精米，養鯉を生業に二十数代続く村の旧家で，当主は代々「孫兵衛」を襲名していた。梁瀬が幼い頃には輸出用蚕卵紙の横浜向け売り捌きも行うなど，手広く商売をしていた。
　梁瀬は1894年に群馬県尋常中学校に入学するが，翌年に東京府尋常中学校に転校する。在学中，野菜の値上がりに注目すると三河島で大根を仕入れて安価に販売し，1年分の学費・下宿代を支払うのに十分な利益を得たという。卒業後は東京高等商業学校に入学し，そこで彼は語学に自信を持つようになった。夏季休暇中に家業を手伝い，帳場仕事や接客をしたことも，彼にとって刺激になったようである。
　高商を卒業した梁瀬は大阪商船に入社し，購買係に配置された。だが，そこ

では購入先からの中元・歳暮攻勢に閉口した模様である。彼は「こんなに人に煽てられて他人様から物品を意味なく貰つて居ては所詮ゆくゝ先は馬鹿とならざるを得ない」と思ったようで，1年ほどで退職する（「日本自動車史と梁瀬長太郎」刊行會編［1950］，以下刊行會編）。

大阪商船退社後，梁瀬は三井物産に入社した。中国とインドの駐在員を務めた後，1907年に彼は機械部礦油係に配属された。三井物産機械部では自動車も扱い始め，1912（大正元）年にビュイックの代理権を獲得する。しかし，当時の自動車市場は未発達で（表1-1），しかも不況だった。三井物産の社員にも，自動車商売に懐疑的な者は多かったようである。翌1913年春，梁瀬は三井物産から機械部自動車係主任になるよう打診される。就任を思いとどまるよう忠告する友人もいたが，梁瀬は礦油販売を自動車係に移管することを条件に承諾した。自動車販売で利益をあげられるようになるまでは，礦油販売で係の採算を維持する考えだった。この機械部自動車係主任への就任が，梁瀬が自動

表1-1 自動車保有台数の推移（台）

年	乗用車			トラック			合計		
	自家用	営業用	合計	自家用	営業用	合計	自家用	営業用	合計
1913			865			20			885
1914			1,034			24			1,058
1915									1,264
1916									1,656
1918	1,939	2,385	4,324	121	88	209	2,060	2,473	4,533
1919	2,673	3,672	6,345	361	345	706	3,034	4,017	7,051
1920	3,347	5,232	8,579	828	591	1,419	4,175	5,823	9,998
1921	3,486	6,561	10,047	1,197	873	2,070	4,683	7,434	12,117
1922	3,809	7,939	11,748	1,798	1,340	3,138	5,607	9,279	14,886
1923	3,179	9,600	12,779	1,629	2,048	3,677	4,808	11,648	16,456
1924	3,972	14,979	18,951	3,169	5,113	8,282	7,141	20,092	27,233
1925	3,961	18,495	22,456	2,658	6,767	9,425	6,619	25,262	31,881
1926	4,517	23,456	27,973	3,087	9,010	12,097	7,604	32,466	40,070
1927	6,328	29,447	35,775	3,558	12,429	15,987	9,886	41,876	51,762
1928	6,657	38,003	44,660	4,268	17,451	21,719	10,925	55,454	66,379
1929	7,095	45,734	52,829	4,760	22,781	27,541	11,855	68,515	80,370
1930	7,718	50,109	57,827	4,724	26,157	30,881	12,442	76,266	88,708

（注）乗用車（営業用）にはバスを含む。1917年のデータは資料なし。
（出所）呂［2011］より筆者作成。原資料は『モーター』。

車業界に身を投じたときだったという（山本［1935］）。

（2）　梁瀬商会の開業と三井物産機械部

　梁瀬が機械部自動車係主任となった翌年の1914年，第一次世界大戦が勃発する。当初は重要物資の輸入途絶や，代表的な輸出商品生糸の輸出停滞が懸念され，不況が深刻化する傾向がみられた。三井物産は結局，軍用自動車だけを自社で直接取り扱うようにし，乗用車の民間向け直営販売は中止することにした（麻島［2001］）。後者については後継者を選定することになり，再び梁瀬に白羽の矢が立った。梁瀬は自らの理解者だった三井物産役員山本条太郎に相談すると，山本は開業に賛成し，資金援助も約束してくれた。三井物産からも，日比谷公園前の従来の店舗・工場を安く譲ってもらい，また，自動車のストック40台ほども，顧客に販売できた後に支払う条件で譲ってもらった。梁瀬は1915年5月，三井物産機械部自動車係の営業所を自己名義とし，梁瀬商会を開業する。同店は三井物産の菱井桁のなかに「梁瀬」のイニシャルYを入れたマークを社章とし（刊行會編［1950］），店頭には「三井物産株式會社礦油及自動車一手販賣」と「梁瀬商会」の2枚の看板があった（梁瀬［1981］）。三井物産が獲得していたGMのビュイック，キャデラック，およびイギリスのウーズレー社の輸入代理権はそのまま同社に留められ，梁瀬商会は，三井物産が輸入するそれら自動車の民間向け販売の代理店となった。三井物産からすると「自動車ハ梁瀬商会ヲシテ下請負ヲ為サシメテ居ッタ」のである（麻島

梁瀬商会の社章
（出所）「日本自動車史と梁瀬長太郎」
　　　　刊行會編［1950］。

開店直後の梁瀬商会前のビュイック（1915年5月）
（出所）　同左。

表 1-2　自動車輸入の推移

年度	台数（台）				金額（円）		
	完成車	シャシー	組立	計	完成車	部品	計
1913					605,016	505,029	1,110,045
1914	94			94	240,610	257,812	498,422
1915	30			30	70,687	94,578	165,265
1916	218			218	386,797	326,688	713,485
1917	860			860	1,569,640	1,097,961	2,667,601
1918	1,653			1,653	4,524,953	3,136,858	7,661,811
1919	1,579			1,579	5,531,540	5,750,761	11,282,301
1920	1,745			1,745	4,865,633	5,613,123	10,478,756
1921	1,074			1,074	3,261,808	4,805,732	8,067,540
1922	752			752	2,216,051	5,093,784	7,309,815
1923	1,938			1,938	4,955,211	8,527,069	13,482,280
1924	4,063			4,063	8,772,861	12,413,272	21,186,133
1925	1,765			1,765	4,600,009	7,061,433	11,661,442
1926	2,381			2,381	5,324,535	10,391,666	15,716,201
1927	3,895			3,895	8,063,062	10,218,901	18,218,963
1928	7,883	1,910		9,793	13,770,655	18,474,168	32,244,823
1929	5,018	2,019	29,338	36,375	9,545,870	24,062,213	33,608,083
1930	2,951	1,609	19,678	23,878	4,896,992	15,876,738	20,773,730
1931	1,887	1,204	20,109	23,200	3,378,063	12,951,105	16,329,168
1932	997	703	14,087	15,787	2,894,234	11,927,189	14,821,423
1933	491	780	15,082	16,353	1,864,392	12,006,958	13,871,350
1934	896	950	33,458	35,304	3,357,061	28,945,163	32,302,224
1935	934	1,010	30,787	32,731	3,202,241	29,387,106	32,589,347
1936	1,117	1,061	30,997	33,175	3,577,575	33,458,910	37,036,485
1937	4,988	–	28,951	33,939	–	–	–
1938	1,100	–	–	1,100	–	–	–
1939	500	–	–	500	–	–	–

（出所）呂［2011］より筆者作成。原資料は自動車工業会『自動車工業資料』、『モーター』1923年8月号。

［2001］)。

　開設当初の梁瀬商会も，依然として礦油販売の利益を頼みに商売を続ける状態だった。しかし，第一次世界大戦の激化とそれにともなう好景気が，自動車販売への追い風になる。交戦国ヨーロッパから自動車輸入が途絶えたことと，戦争成金の出現で自動車の買い手が増えたことで，既存の自動車販売商は販売を伸ばした。表1-1と表1-2によれば，1917年になって明らかにペースが変

化している。自動車輸入が全体的に増加するなかで,とくに梁瀬商会にとって好条件だったのは,同店が大戦の影響が少ないアメリカ車を扱っていたことである。梁瀬商会を代理店とし,かつ大口販売先としていた三井物産では,1917年下期・1918年上期の梁瀬商会向け売約が約181万円あったが(表1-3),そ

表1-3 三井物産機械部の大口売約先

(1917年下期・1918年上期合計,50万円以上)

売約先名	商品名	金額(千円) 売約先・商品別	売約先別
南満州鉄道	機関車及部分品	4,117	6,717
	鋼鉄材料	1,145	
	軌条及付属品	918	
	車両及付属品	537	
浦賀船渠	造船材料	2,325	2,325
梁瀬商会	自動車	1,807	1,807
朝鮮鉄道局	機関車及部分品	1,543	1,543
川崎造船所	汽罐	810	1,497
	水車及凝縮機	687	
東洋紡績	紡機	1,122	1,122
桂川電力	水車及発電機	1,053	1,053
王子製紙	製紙機械	950	950
三井物産船舶部	造船材料	925	925
宇都宮金之丞	造船材料	810	810
北陸電化	水車及発電機	791	791
大阪合同紡績	紡機	750	750
毛斯倫紡績	紡機	710	710
東京モスリン	絹糸紡績機	653	653
陸軍省	飛行機	620	620
台南製糖	製糖機械	600	600
五十嵐小太郎	軌条及付属品	562	562
東京鋼材	鋼鉄材料	549	549
台湾鉄道部	軌条及付属品	509	509
合計		25,990	25,990

(出所)麻島[2001]。

れは「英国製に代わって米ビュイック車の輸入」だった（麻島［2001］）。また，1915～19年の5年間について，「梁瀬氏の成績は断然群を抜き，輸入及販賣高の三分の二は氏の手によつて行はれたことは，明かなる事實」とされている。こうした大規模な販売は，前述のように梁瀬は市場向けの販売に徹し，代理権は三井物産に委ねたまま同社に輸入業務も担当してもらったことで可能となった。輸入資金の調達難から梁瀬が商機を逃すケースが減ったのである。三井物産の貨物船を利用できることも，同社に輸入業務を任せることの利点だった。輸出品を運んだ帰航便に，梁瀬商会向けの自動車を積み込むことができたことで，同店はストックを維持できた。そのため，長い納期を待ちたくない顧客は，必ずしも希望するモデルでなかったとしても，梁瀬商会のビュイックやキャデラックを買ったのである（山本［1935］）[1]。

(3) 先駆的取り組みの数々と「梁瀬自動車学校」

　自動車販売業者として台頭する前から，梁瀬は販売以外の自動車事業にも携わっている。

　梁瀬商会開業前の1914年，埼玉県川越・越生間のビュイックを使ったバス事業への参画を手始めに，梁瀬は多くのバス・タクシー業の創業・経営に関わった（表1-4）。

　バスに関わり始めた頃には，梁瀬は運転手の養成も開始した。当時は，自動車購入者には運転手も一緒に付けてやらなければならないことが多かった。梁瀬は集めた若者のなかから運転手として有望な者を選び，彼らを教育して運転免許を取得させ，官庁などへ自動車と一緒に手配したり，バス会社やトラック業者に供給した。運送における馬からトラックへの転換にも取り組んだ。1917年頃を中心に，梁瀬はシボレートラックで各地の運送業者を回った。運送業者たちに資本を持ち寄らせてトラック業者に転換させ，その後も技術者を派遣して自動車について指導したのである。

　乗用車販売が上向きだした1916年頃には，梁瀬は自動車のボディ（車体）の製造にも関心を持ち始めている。当時のボディは木製であり，馬車などの車大工に，より複雑な自動車用ボディの製造技術を習得させた。馬鞍をつくる馬具師も，内装の内張職工に育てた。塗装については，当初は漆工芸家の六角紫

表 1-4　梁瀬長太郎が関係したバス・タクシー事業

	企業（事業者）名	路線等
全額出資し創立	相武自動車株式会社	神奈川県 横浜－鎌倉－藤沢－戸塚－横浜
過半数の株式所有し創立	大津自動車株式会社	京都－大津
	京都タクシー株式会社	京都
	神戸市街自動車株式会社	神戸
	愛媛自動車株式会社	松山－高知
株主となり創立促進	隅田乗合自動車株式会社	東京 吾妻橋－玉ノ井
	臨海自動車株式会社	神奈川県 三浦半島一周
	東海自動車株式会社	静岡県 伊東－大仁
	濃飛自動車株式会社	岐阜県 岐阜－高山
	周山自動車株式会社	京都－丹波地方
	白浜温泉自動車株式会社	和歌山県
不詳	土浦乗合自動車	茨城県 土浦－筑波
	不詳	埼玉県 川越－越生
	参宮自動車	三重県 伊勢神宮
	京若自動車	京都－福井県若狭
	小浜自動車	長崎県小浜
	不詳	福岡県博多－大分県別府

（出所）山本［1935］,「日本自動車史と梁瀬長太郎」刊行會編［1950］より筆者作成。

水を迎え，漆器づくりの盛んな静岡県焼津から漆器職人も動員したものの，直射日光や風雨が原因でヒビが入り，失敗に終わったとの逸話も残っている。課題の塗料は，デュポンが 1923 年に開発したデュコ塗料が翌年 GM に導入される。梁瀬はこの頃までに，従来のビュイックやキャデラック以外にも，GM の広範な車種ラインを扱うようになっていた。梁瀬は 1925 年，GM に技師派遣を要請し，デュコ塗料による吹付式塗装法を導入した。これにより塗装の問題が解決され，梁瀬はボディ製造事業に自信を深めた（刊行會編［1950］）。

以上の自動車関連事業において，店内外を問わず梁瀬の指導を受けた者は多かった。梁瀬商会開業以来の 20 年間に「梁瀬氏の下で自動車修理製造等の技術を習得した者一千名，運転技術を習得した者一千名，自動車事業の経営販売等の智識を習得した者五百名」いたため，「人呼んで同社を梁瀬自動車學校と云ふのは蓋し事實に適した」という（山本［1935］）。

(4) 関東大震災とGM乗用車2,000台輸入

　日比谷の店舗が手狭になった梁瀬商会は1917年1月，日本橋区銭瓶町に店舗・工場を新築移転し，華々しい「呉服橋時代」に入る。1920年1月になると，梁瀬は梁瀬商会を改め，梁瀬自動車株式会社（資本金500万円）と礦油や雑貨等を扱うための梁瀬商事株式会社（同100万円）を設立し社長に就任した。同時期には，修理・加工やボディ製造を充実させるため，芝浦に工場を設置している。

　2社の設立から3年余り経った1923年5月10日，発展した自動車界の視察も目的に，梁瀬は妻と欧米旅行に出発する。梁瀬はまず，アメリカに2カ月半滞在した。ニューヨークでは，梁瀬自動車がその全車種を販売していたGMを訪問したほか，さまざまな社交をこなし，デトロイトではキャデラックやシボレーの製造現場を見学した。次に1カ月半ほど滞在したイギリスでは，同じく古くから関係のあったウーズレーの本社を訪問し，さらにフランスでルノー，イタリアでフィアットの工場を見学した。ドイツ，スイスを観光した後，梁瀬はフランスに戻り，そこから帰国の途に就く予定だった。しかし，彼はもう一度アメリカで自動車を見たいと考え直す。アメリカを目指し，汽船バリー号でルアーブル港を出発したのは9月1日だった。

　その船上で，関東大震災の知らせが梁瀬に入る。情報が錯綜するなか，彼は同行の梁瀬自動車ニューヨーク駐在員に，船内の図書館にある災害に関する文献を読ませた。そのなかのサンフランシスコ大地震の事例から，梁瀬は，「復興を相談する人間の活動が主になり，何を仕様かという人と人との動きが活潑になされることによつて，復興が早められる」との結論を得た。彼はニュー

呉服橋時代の梁瀬商会（1917年）
（出所）「日本自動車史と梁瀬長太郎」
　　　刊行會編 [1950]。

ヨークに着くと GM 本社に行き，「人間を乗せる自動車」——つまりビュイックなどの乗用車の買取りを申し込んだ（刊行會編 [1950]）。しかし，復興に求められるのはトラックだとする GM はただちに同意しなかった。資金の相談をした三井物産ニューヨーク支店も同様の見解であり，物産本社の常務安川雄之助には，梁瀬自動車の従来の在庫が未整理な状況を指摘され，新規輸入は見合わせるべきと判断された（梁瀬 [1981]）。それでも梁瀬は，横浜正金銀行ニューヨーク支店から信用状開設の同意を得たうえで GM と再交渉し，ついにビュイックとシボレーの乗用車合計 2,000 台の買取契約を結んだ。日本までの輸送用船舶については，鈴木商店が木材輸入のため用船した天洋丸に，2,000 台中の 500 台を割り込ませた。梁瀬はその 500 台とともに天洋丸に乗船し，10 月 4 日に横浜港に到着した。

梁瀬自動車では，復興需要によって最初の 500 台を早々に売り尽くしたうえ，入荷予定の車にも予約が殺到し，価格にはプレミアムが付いたという（梁瀬 [1981]）。第一次世界大戦後から全国に展開し始めていた国内の支店・出張所は，震災後には秋田，仙台，横浜，名古屋，京都，大阪，広島，博多，京城など全国主要都市に広がった。

(5) GM との決裂から「GM 車絶対優先」へ

梁瀬が調達した乗用車が市場に大量に供給されたことで，ビュイックディーラーとしての梁瀬の名は高まったであろう。また，GM の幅広いラインアップのうち，梁瀬としては比較的歴史が浅かったシボレーについても，販売意欲をさらに高めたと思われる。もとより梁瀬は訪米中に GM を訪れた際，「これは既によく賣出されているフォードに對抗してうんと賣出すつもりであるから君も大いに骨を折つて貰ひたいと語」られ，デトロイトのシボレーの工場を見学した際にも「サービスは如何にすべきものか委しく説明されて，これからシボレーを大いに賣出すつもりになつ」ていた（刊行會編 [1950]）。

しかし，その GM とフォードの世界市場における競争が，梁瀬を揺さぶることになる。関東大震災から 1 年後の 1924 年 9 月，フォードは 2 名の調査員を日本に派遣した。彼らは東京や横浜の復興と自動車の普及に驚く。同時に彼らは，当時はセールフレーザー株式会社を総代理店とし，その傘下に代理店を

置いていたフォードの販売体制に不備を見出した。セールフレーザーが傘下代理店に十分なコミッションを払っていないことと，傘下代理店は自動車よりも，むしろ部品の販売に関心があることを調査員は問題視したのである。フォードはセールフレーザーとの総代理店契約を解除すると，代わって横浜に現地子会社の日本フォードを設立し，翌 1925 年 5 月に操業を開始した。同社は輸入部品のノックダウン組立によってさらに低価格となった自動車を，全国に多数展開するディーラーから形成される販売・サービス網を通して市場に供給し始めた（ウィルキンズ・ヒル [1969]）。一方の GM もフォードへの対抗上，続いて日本に進出する。同社も日本 GM を大阪に設立してノックダウン組立を行い，全国にディーラーを設置して細分化した地域の販売を任せるという，フォードとほぼ同様な方式を導入した。両社の主力車種であるフォードとシボレーはともに排気量 3,500cc 前後で，当時の欧米の輸入車に比べるとやや小さい車だったため，一般に「大衆車」と呼ばれた（呂 [2011]）。アメリカの二大メーカーは，経済的でタクシー，トラック，バスや自営業者の運搬など広い用途を持つ大衆車において，日本で競争を始めようとしていたのである。

　GM が日本で新たな販売網を築くことは，梁瀬にとっては少なくとも，全国規模でのシボレー販売ができなくなることを意味した。GM 車の市場を開拓してきたと自負する彼は，この方針に納得できなかった。GM は梁瀬に対し，彼が全国に設立されるシボレーディーラーの株主になり，各ディーラーをコントロールしてもよいとし，キャデラックやビュイック，オールズモビルなどの高級車については従来通り販売を任せる案を提示したようである。しかし梁瀬は，全国に新規のシボレーディーラーを設置しなくても梁瀬自動車だけで十分販売できると主張した。高級車についても，GM が梁瀬自動車に拠点増設を求めたことに対し，彼は承服しなかった。同社の支店は大震災後に増えた後，再び 5 支店（横浜，名古屋，大阪，福岡，仙台）に減っていた。しかし梁瀬は，自らの知名度と信用により，現行拠点数でも販売できると主張したのである。

　双方の主張には開きがあり過ぎ，交渉は決裂した。日本 GM は 1927（昭和 2）年 4 月，梁瀬抜きのディーラー網で販売を開始した。ビュイック，キャデラック，シボレー，GMC トラック，オールズモビルなど GM 車一切の販売を返上した梁瀬は，1927 年にアメリカのスチュードベーカーやレオ・トラック

の他，フィアット，オペル，オースチンといったヨーロッパ車の販売を始めた。フォード，GM の日本進出によってアメリカ車がいっそう主流な存在になった日本で（表 1-5），梁瀬は「欧洲車の代理權を取つてアメリカ車に對抗して国内の自動車販賣戰を續ける」ことになった。この間には，横浜，仙台の 2 支店を閉鎖している。また，梁瀬 2 社はともに減資した後，1930 年 3 月に梁瀬自動車に統合した（刊行會編［1950］）。井上財政や昭和恐慌の頃だったことを割り引く必要はあるが，GM 車を扱えなくなった影響が現れているとみるのは自然であろう。

しかし，一度は切れた GM との縁は，1931 年 4 月に再び復活する。日本 GM の販売網は，大衆車シボレーを 1 県ないし 2 県を担当地域として販売するディーラーこそ比較的順調だったが，ビュイック・キャデラックなど高級・高額な車種を広域に販売するディーラーは不振だった。GM は梁瀬に高級車ラインのディーラーになることを依頼し，梁瀬は承諾した。GM との関係が復活したことにともない，梁瀬はスチュードベーカーとオペル，オースチンの販売をやめている。

GM との決裂と復縁をめぐって，梁瀬はつぎのように語っている——「アメリカ人の物の見方に就ては色々な事を考えさせられたものである，つまり彼等

表 1-5　モデル別保有台数（1931 年 8 月）

単位：台

順位	モデル名	民間用	官公署用	計
1	フォード	31,046	1,326	32,372
2	シボレー	29,519	1,425	30,944
3	ホイペット	2,949	54	3,003
4	ビュイック	2,308	321	2,629
5	スター	1,899	20	1,919
6	ドッヂ	1,565	140	1,705
7	エセックス	1,605	72	1,677
8	クライスラー	987	94	1,081
9	ナッシュ	824	158	982
10	ハドソン	593	276	869
国産	ウーズレー	227	211	438
	ダット	163	29	192
合計		84,507	5,714	90,221

（出所）呂［2011］。原資料は『モーター』1932 年 6 月号。

の云ふことには"我儘ではあるけれども，これは世の中の態勢であるから，これに從つて遣つてくれ，その方がお前のためになる"と，云ふ言葉ではあるが，この言葉を聽くと正直のところ，まことに不愉快でもあるが，實際に其の言葉の中には，條理にあてはまつたものが含まれているので，これがアメリカ人らしい物の見方であり，言ひ方であると思つたのである」。また，梁瀬は長い自動車歴から，アメリカ車への信頼をこう述べている——「極めて割安で，而も用に足りて，部品がふんだんにあるために，之れを取扱う人が一番便利で利益が多く，取扱い口錢が多くなつている」。端的に自動車商人の立場からすると，もっとも「利益率の多い車」だったという（刊行會編［1950］）。以上の言葉は，1923 年の洋行における知見も含め，各国の自動車および自動車産業を比較したうえでの口述の一端であり，梁瀬の視野の広さと研究熱心さを窺わせる。しかし，GM から離れた 4 年間の実体験が，梁瀬をして，この言葉を自然に出さしめたとも思えてならない。梁瀬の長男次郎によれば，アメリカ車のなかでも，梁瀬は後年まで「GM 車絶対優先」だった（梁瀬［1981］）。長い GM 車の販売歴と成功体験に加え，決裂と和解を経た相互理解の深まりも，その主義・信条を支えていたと考えられる。

　日本 GM ディーラーとなって 4 カ月後，日本橋通町 3 丁目にライト式建築による梁瀬自動車本社が落成した。関東大震災で旧呉服橋本社が消失して以来，ようやく威容を誇る本社を取り戻し，梁瀬は改めて GM と歩む「日本橋時代」を迎えるのである。

2 柳田諒三とエンパイヤ自動車商会

（1）　小諸からの出奔とエンパイヤ開店

　柳田諒三は 1883（明治 16）年，長野県北佐久郡桜井村（現・佐久市）の素封家臼田哲弥太の二男として生まれた。小学校卒業後に上京して立教中学校に進学し，その後第四高等学校，専修学校（現・専修大学）経済科に学ぶ。専修学校時代は生糸貿易商の叔父の家で書生をしていたという（エンパイヤ自動車編［1983］）。

　専修学校卒業後には小諸で金物や茶などを扱う豪商・柳田茂十郎（2 代目）

の長女志げと結婚し，同家の養子になった。柳田茂十郎本店の創業者である初代茂十郎は，明治期の代表的な小諸商人であり，島崎藤村の『千曲川のエッセイ』にも「柳田茂十郎」なる節が設けられている（バンザイ編［1990］）。柳田の妻志げには3人の兄弟がいた。養父の2代目茂十郎は，将来は柳田に支店を持たせるつもりだったようである。しかし，1907年12月から1年間の陸軍志願兵生活を契機に，柳田は「自ら試してみよう」と上京する。缶詰の行商などで暮らす生活は苦しかったが，やがて志げも上京し，柳田も中学校の代用教員に採用されるうち，彼に転機が訪れる。1911年，銀座の電器商サンデン電気商会への入店である。

　サンデン電気商会は電球のフィラメントの他，ソケットや扇風機なども製造販売しており，柳田と同じ北佐久郡出身の小松美十郎が経営者だった。同店では当時，外国雑誌も参考に，有望な輸入商品を検討していた。活動写真と自動車が候補に残り，興業の煩雑さがともなう活動写真は見送られ，自動車が選ばれた。サンデン電気商会は1912年，アメリカのエンパイヤ自動車会社にエンパイヤ号乗用車5台他を注文する。自動車部開設が間近になると，小松は自動車担当主任に柳田を選んだ。英語に堪能な同僚を差し置いての抜擢だった。彼は日本橋区呉服町に間口の広い家をみつけて店舗とし，1913（大正2）年4月，エンパイヤ自動車商会（以下，エンパイヤ）を開店した（エンパイヤ自動車編［1983］）。しかし前節からもわかるように「當時は未だ自動車に對する世間の認識も淺かつたので，おいそれと車が賣れやう筈がな」かった（柳田［1944］）。柳田は自動車販売を諦め，ハイヤーを始める。この選択の際には梁瀬長太郎の進言もあり，彼からビュイック乗用車4台も提供されたようである（刊行會編［1950］）。

　その一方，柳田はエンパイヤの開店間もなく，東京の自動車販売・運輸業者の同業組合結成に参加する。柳田によれば「發起人は我が自動車界の元老である藤原俊雄，石澤愛三，宇都宮金之亟，林愛作の諸氏を始め，兼松壽三郎氏に私が加はり，當時の販賣並に運輸兩方面の業者四十六名を歴訪し，同意者四十一名を得て」1913年7月に東京自動車業組合は設立され，東京府の認可を受けた（柳田［1944］）。

　開店早々，業界の"汗かき役"として働いた柳田だったが，自店の営業も

徐々に軌道に乗る。第一次世界大戦勃発後の1915年になると，柳田は自動車用補修部品の需要増加に着目し，その販売に進出した。1916年頃には柳田は養父茂十郎から援助を受けることができ，サンデン電気商会の自動車部門の商権を譲り受けた。自動車部主任に抜擢された当初から，柳田は店主の小松から独立を勧められていたが，小諸の養父の援助により，柳田は事業家として独立を果たした。小松と茂十郎に，柳田は生涯恩人として感謝したという（バンザイ編［1990］）。

(2) 東京自動車業組合の組織者

東京自動車業組合では1919年，ハイヤー・タクシー業者が料金値上げを要望したことから，販売業者と運輸業者の分離問題が起こった。値上げのためには，組合は従来の東京府ではなく，料金を管轄する警視庁に公認される必要があったため，運輸業者は現組合からの分離と新組合の結成を訴えたのである。

運輸業者の柳田は，分離に向け積極的に運動する一団「大北組」の中心的存在となった。その通称は，彼らの会合場所（呉服橋近くの大北炭鉱事務所2階）に因んでいる。「大北組」の活動もあり1920年12月，運輸業者による警視庁公認東京自動車業組合が創立された。創立総会では柳田に議事進行が任され，組合長・副組合長の人選も彼に一任された。柳田は組合長に，当時，東京で唯一のバス会社だった東京市街自動車の渡辺勝三郎を，副組合長には有力なタクシー会社だった東京タクシー自動車の吉田市恵を推薦した。柳田は古参業者の存在や営業規模の違いなどにも配慮しつつ，対外的にも信用のおける人選を行ったが，組合長の渡辺については，「大北組」を支援してくれた東京市街自動車の近藤富次郎（表1-6参照）に報いる意味もあったとも回顧している（柳田［1944］）。新組合の発足当初に主要な役割を果たしたのは，「大北組」の面々だった（表1-6）。その中心人物の柳田は，若くして組合の運営・調整に汗をかく実働的な組織者だったのである。

組合では販売・運輸の分離前から，重要な活動として自動車税減税運動があった。1921年4月1日実施の東京府自動車税は値上幅が大きく，新組合による減税運動も加熱した。減税運動の実行委員に選ばれた柳田は，府会議員への陳情の折，つぎのような経験をする――「府會議員を口説き落すためには何

表 1-6 「大北組」と警視庁公認東京自動車業組合設立前後の主要組合員

「大北組」	東京府公認 東京自動車業組合		警視庁公認 東京自動車業組合			
	販売・運輸分離研究委員（運輸業者側）(1919年9月)	分離実行委員 (1919年9月)	創立委員 (1920年11月)	組合規約草案作成委員 (1920年11月)	組合幹部 (1920年12月)	減税請願実行委員会 (1921年12月)
柳田諒三	柳田諒三（副）	柳田諒三（副）	柳田諒三	柳田諒三	柳田諒三	柳田諒三
鈴木萬吉	鈴木萬吉	鈴木萬吉	鈴木萬吉	鈴木萬吉	鈴木萬吉	鈴木萬吉
須田大八	須田大八	須田大八	須田大八	須田大八	須田大八	
吉田市恵	吉田市恵	吉田市恵	吉田市恵	吉田市恵	吉田市恵	吉田市恵（副）
相場金松			相場金松		相場金松	
加藤猪三次郎		加藤猪三郎	加藤猪三郎	加藤猪三郎	加藤猪三郎	
加藤宗三郎			加藤宗三郎		加藤宗三郎	
金子秀吉			金子秀吉	金子秀吉	金子秀吉（副）	金子秀吉（副）
半田善七		半田善七	半田善七	半田善七	半田善七（会）	
渡部亀吉		渡部亀吉	渡部亀吉	渡部亀吉	渡部亀吉（会）	渡部亀吉（会）
	菅野利兵衛		菅野利兵衛		菅野利兵衛	
	辰澤延次郎					
	千葉市之亟					
	寺尾永吉					
	中尾精蔵		中尾精蔵		中尾精蔵	
	早川二郎					
	林栄哲					
	星野喜一郎			星野喜一郎		
	堀内良平					
	安田但二					
	山田清一				山田清一	
	山中良作		山中良作			
	和気巌					
		近藤富次郎	近藤富次郎	近藤富次郎	近藤富次郎	近藤富次郎
			大西亨太郎		大西亨太郎	
			岡田秀男	岡田秀男	岡田秀男	岡田秀男
			加藤嘉四郎		加藤嘉四郎	
			北田久吉			
			鈴木竹次郎			
			関口磯吉		関口磯吉	
			達田太一		達田太一	
			南場要蔵		南場要蔵	
			橋本増次郎			
			橋本良蔵	橋本良蔵	橋本良蔵	橋本良蔵
			福田敬吉		福田敬吉	
			増田静之助			
			光沢松之助			
			宮本市郎		宮本市郎	
			湯浅三至		湯浅三至	
			吉田鉄太郎			
			吉田弥三郎			
			和田定吉		和田定吉	
					渡邊勝三郎（長）	渡邊勝三郎（長）
					石井萬吉	
					千葉諒二	
					浜田卯兵衛	
					溝呂木松三	

注：（長）は組長，（副）は副組長，（会）は会計。
出所：水野編 [1932]，柳田 [1944] より筆者作成。

回も玄関拂ひを喰はされたり，居留守を喰はされたり，府會議員本人に會ふのは仲々容易ではなかつた。そこで寝込みを襲ふに如くはないと，それからは府會議員の訪問は拂曉戰でゆくことゝなつた。今でも忘れないが，近藤富次郎，吉田市惠の兩君と朝まだき芝の大塚英吉府議の邸を訪問した時のことである。我々が名刺を通ずると間もなく大塚府議はどてら姿で出て來て，玄関の柱によりかゝつたまゝ我々の陳情をしばらく聞いてゐたが，『藝者や待合の方がもつと困つてゐるよ』と事もなげに放言して奥へ引込んでしまつたのである。その時の我々の痛憤はどのやうなものであつたか，言葉には云ひ現せないのである。我々の事業を藝者や待合以下に下等なものに扱つてゐる。これでは駄目だ，我々の事業を一般にもつと認識させると共に，我々自身の向上が絶對に必要である。そのためには我々同業者から府政や市政に參劃するやうにならねばならぬと，深く決心したのであつた」（柳田［1944］）。

こうして，柳田自身も地元の日本橋区会議員選挙に立候補した。苦戦が予想された選挙運動で，彼は予想外の幸運に恵まれる。小諸の柳田茂十郎家は，日本橋の一流問屋と古くから取引があったが，選挙活動中に日本橋の人々が，柳田が同家の養子であることを知ったのである。そのため，伝統を重んじる日本橋で柳田は新参者ながら信用を得ることができ，11月の選挙で一級議員に当選した。さらに翌1922年11月には，東京市議会議員選挙にも当選する。ここでの政界進出は，後述するように，のちの日本フォードディーラーへの道を開くのである。

なお，柳田は減税運動に限らず，東京自動車業組合でさまざまな仕事に携わる（表1-7）。1925年3月から3年間副組合長を務め，その後，新結成された日本自動車業組合聯合会（表1-7）の副会長に就任した。1931年2月から翌年2月までは東京自動車業組合の組合長を務め，組合各支部（合計24）独立にともなう組合解散に立ち会う。直後の5月には上記24組合の連合組織が東京自動車業組合聯合会として発足し，初代会長になっている（水野編［1932］）。当時のあるタクシー業者は柳田について，「ハイタク界などの各組合にあって，難問題にぶつかっても円満解決に尽力されてきた」と後に評している（細川［2007］）。

表 1-7　警視庁公認東京自動車業組合の主たる活動

1921 年～	自動車税減税運動。
1921 年 3 月	事故部の設置（自動車事故の示談解決斡旋）。
6 月	顧客への割り戻しと歳暮・中元の撤廃奨励。
7 月	『自動車要覧』発行（警視庁管轄下の自動車番号表，関係法規他を掲載）。
1922 年 11 月	法律相談部設置（「事故部」の事務を拡大）。
	運転手紹介部設置。
	警視庁向けタクシー営業届出書における組合奥書の義務化（事実上の組合強制加入）
1923 年 5 月	運転手手帳の作成（運転手取締りのため，警視庁と協議のうえ）。
7 月	附属自動車講習会の開講（不良運転手の出現防止，運転手不足の解消）。
末	大日本自動車協会創立の創立事務所設置。
1924 年 3 月	組合誌『月報』の拡大（『自動車時報』解題，一般雑誌化）。
10 月	ナンバープレート差別（取締りのため，自家用＝黒，営業用＝白の色による識別）の撤廃実現。
1925 年 6 月	「模範運転手養成所」開所（不良運転手の出現防止，運転手不足の解消）。
1926 年 8 月	メーター制による協定料金案の策定（タクシー）。
1927 年 1 月	「模範運転手養成所」を「東京自動車業組合附属自動車学校」に改称。
2 月	警視庁にメーター制料金実現の陳情開始（注）。
1928 年 1 月	日本自動車業組合聯合会の結成。
1929 年 10 月	トラックの軌道通行禁止反対の陳情。
1931 年 10 月	電車・バスの過剰競争禁止（交通統制）の東京府・東京市宛建議。

(注) タクシーの料金決定方式については従来，「円タク」に代表される均一料金方式の規制を求める意味があったが，その後，同組合内にも均一料金支持するタクシー業者が台頭している。
(出所) 水野編 [1932], 柳田 [1944] より筆者作成。

(3) 関東大震災後の訪米とフォード・GMの日本進出

　柳田が減税運動や区会議員選挙に精力を傾ける 1921 年頃までには，エンパイヤのハイヤー以外の事業も拡大していた。当初はサンデン電気商会のフィラメントや自動車用電球，あるいは一般の電気部品・用品を販売していた同店は，セールフレーザーから仕入れたフォード車の補修用部品販売や，アメリカ製輸入機械工具，タイヤなどの販売もするようになっていた。

　補修部品販売のため，柳田は全国を回り地方の自動車運輸業者を指導した。その際にエンパイヤはしばしば不利益を被ることもあったようだが，柳田は後年，「帝都の販賣業者が地方に於けるバス，タクシー，トラック等の自動車事業の開設，維持にどれ程有形無形の支援をし，誘掖指導するところが多かつたかはこゝに喋々する迄もない」と自負している（柳田 [1944]）。地方の部品商

の間でも知名度を高め，関東に留まらず北信越から北海道まで取引先は及んだ。受注日中の商品発送を徹底したことが，地方部品商からの信用につながった。

　1921年には，日本橋呉服町に本店の柳田ビルが完成した。同ビルには，東京市内でもまだ珍しいガソリンスタンドも設置されていた。何より当時の日本橋区では，その4階建ては非常に目立ったという。エンパイヤ開店当初の主目的だった自動車の販売も再開した。1923年4月，フォードの日本総代理店セールフレーザーとの間にフォード車の販売契約を締結し，副代理店となった。フォード車販売の第一歩を踏み出したのである。

　しかし1923年9月，関東大震災が発生する。柳田ビルが被災したエンパイヤは，全国の部品の取引先からの激励と，その意味も込めた注文や買掛金の早期払い込みに救われたという。加えて芝浦にあった修理工場が被災を免れ，同工場を本拠に関東一円の被災地からの部品やタイヤの注文に応じることができた（エンパイヤ自動車編［1983］）。震災で東京・横浜間の鉄道が不通となったため，当時の芝浦には多くの船舶が回航されていた。芝浦発着の貨物を集配する手段はトラックであり，エンパイヤの工場近くの「芝浦ガード下の如きは，一日数千臺の貨物が通過すると云ふ盛況振であつた」という。前節にみた梁瀬の狙いとは異なり，「震災の跡始末から復興にいたるまでの活躍もトラックが中心だった」とも柳田は述べている（柳田［1944］）。

　関東大震災はその後，柳田にある機会を提供する。そこには，自動車業組合の活動を通して彼が得た，東京市会議員の立場も絡んでいる。震災後の12月，柳田は市会議員の公務でアメリカを訪れた。東京市は復興に際し，アメリカ各地から多大な援助を受けたが，そうした厚意に対する東京市長の謝辞を各都市に伝えることが，渡米の主目的だった。柳田は主要都市を訪れ，サンフランシスコでは市参事会で感謝演説も行った。

　ただし柳田は，渡米の際にデトロイトのフォード本社も訪問した。同年春に販売契約を交わしたセールフレーザーとの取引が円滑でなかったため，フォード車の部品などの直輸入を実現することが目的だった（柳田［1944］）。その交渉では，柳田にとって予期せぬ副産物があった。フォードが日本市場の将来性への期待と，日本を拠点とした東南アジア市場進出の目的を持っており，

近々，日本にフォードの現地子会社が設立されるとの情報を得たのである。帰国した柳田は，やがて設立されるであろう日本フォードの販売権を得るための準備にかかった。

そのひとつが，フォード以外の部品や機械工具に関する業務の分離である。当時のエンパイヤ用品部では，セールフレーザーから購入するフォード製部品に限らず，GM系部品や，アメリカ製機械工具も扱っていた。エンパイヤが日本フォードの代理店になるには，同社以外の商品の扱いを分離しなければならなかった。柳田は，柳田ビル近くの萬歳貿易商会（以下，萬歳）の事業を継承する（エンパイヤ自動車編［1983］）。同店はすでに，GMの電装品・部品を中心としたオーバーシーズ・ディビジョンの販売代理権を持っていた。柳田はエンパイヤが扱っていた機械工具やフォード製以外の部品も萬歳で扱うようにし，自ら店主になると同時に実弟臼田籌治を副店主に招聘した。柳田は渡米の折，フォードだけではなくGMも訪問し，同社製品に関する代理権問題についての目配りも行っていた（バンザイ編［1990］）。すでに高い信用を得ていた部品販売を縮小することなく，逆に，兄弟店体制で拡大する準備を整えた。

前節で触れたように，日本フォード株式会社は1925年2月，資本金400万円で横浜に設立された。ディーラーの募集条件は，「①市場力に応じて数台乃至30～40台程度のストックを常に所有する能力のあること。②日本フォード所定の陳列所，サービス工場を有すること。③一定の車両を販売し得る能力を有すること」だった（尾崎［1942］）。1925年3月，日本フォードが横浜子安の工場で輸入部品のノックダウン組立を開始すると同時に，エンパイヤは東京地区における販売権を得た。日本フォード特約ディーラーとしての活動を開始したのである。

エンパイヤは日本フォードディーラーになるにあたり，従来の芝浦工場の向かいにサービス工場を構えた。自社工場ではなく，他人の経営する自動車修理工場をエンパイヤのサービス工場に指定したものだが，これによりサービス工場は充実した。代理権獲得後に持ち越されていたディーラー店舗も翌年，柳田ビル近くのテナント用木造2階建の大部分を借用し，ショールームと部員倉庫を備えた店舗とした。この建物は道路を挟んだ両側にわたっており，その間にはアーケードも設けられていた。従来からの柳田ビル1階にハイヤー部，新た

に借用した建物に自動車部と用品部，加えて芝浦にサービス工場という体制が整った（エンパイヤ自動車編［1983］）。

　なお，エンパイヤは日本フォードの全国販売網形成に一役買っている。店員の鈴木剛と小山保房に，それぞれチェリー商会（埼玉県熊谷町，現・熊谷市）と小山自動車商会（新潟市）を設立させた。小山については，継承間もない萬歳の総支配人も務める店員だった（バンザイ編［1990］）。彼らよりも一足早く退社し，山口県小郡町（現・山口市）でで山口自動車商会を設立した都野熊介も含め（松村編［1974］），同社経由で日本フォードディーラー経営者となった者が複数存在することは，当時の全ディーラーのなかでもエンパイヤが出色な点である[2]。

(4)　「日本のフォード王」

　エンパイヤが販売権を与えられた車種は，フォード乗用車・トラック，フォードソントラクター，リンカーンだったが，主力は大衆車フォード（乗用車・トラック）だった。

　エンパイヤは販売・サービス・用品・ハイヤー，および萬歳が協力し合い，年中無休体制を取った。電話交換手として入った女子店員にも部品の名称を覚えさせ，注文にも応じさせていたという。柳田は店員に対し，礼儀作法や一般常識・教養，そして商品知識を厳しく教育した。新入店員に対しては，3カ月間はどこにも配属せず，自動車についての学科と実地の教育を施した。運転免許取得も店員に積極的に勧めており，始業前に東京自動車業組合附属自動車学校（表1-7参照）で運転を練習させ，実際的な知識を獲得させた。なお，同自動車学校は1929（昭和4）年に組合の運営から離れた後，エンパイヤ自動車学校として改めて開校する（エンパイヤ自動車編［1983］）。その際は柳田が校長，臼田が学監を務めている[3]。

　エンパイヤは宣伝も積極的に行った。女子店員の回想では，ある時期には1日1,000枚以上の宣伝葉書を一人で書き，最後に枚数を柳田に報告しないと帰れなかったという。ショールームで新車の展示会を行う際には，松竹や浅草の少女歌劇からモデルを動員したり，エンジンを分解して再び組み立てるショーもするなど，当時としては奇抜な試みも行っている。

前節で述べたように，日本フォード操業開始2年後の1927年には，日本GMが大阪で操業開始し，フォードとシボレーが日本市場を席捲する時代が訪れた。エンパイヤにとってもっとも華々しい大衆車の「全盛時代」「爛熟期」は，1932年から1937年にかけての足かけ6年間だったという。警視庁では1933年にある交通調査を実施したが，調査に応じた東京のタクシー5,858台の車種別構成は，第1位がフォードで2,547台（43.5％），第2位がシボレーで2,126台（36.3％），次いでダッジの6.1％だった。フォードの優位を裏づける調査といえるが，一方では，フォード対シボレー，あるいは同じフォードでも東京地区に複数あるディーラー間の競争が激化した。エンパイヤはフォードディーラーの業務が多忙になり，柳田が組合の長になっていたハイヤー部門は1932年頃に休止状態になった。フォードの東京地区ディーラーは，当時はエンパイヤも含め7社あったが，もっとも多く販売していたのはエンパイヤだった。1935年と思われる記録では，エンパイヤは年間販売台数1,100台（乗用車・トラックがほぼ半数ずつ）という数字を残している。

サービスや補修部品販売でも，1935年前後にエンパイヤは充実度を高めた。車両販売の増加にともない，エンパイヤは1935年に芝浦に土地を取得し，新たに自社サービス工場を開設した。日本フォード支配人ベンジャミン・コップ

エンパイヤがタクシー会社に納入したフォード車
（出所）『月刊フォード』第10巻第3号，1935年3月。

は，落成式の挨拶で「今ここに完成した工場はおそらく日本で最高のサービスステーションであろう。わが社の東洋で一番立派なサービスステーションは上海にある。この工場は上海に次ぐサービスステーションである」と評したという。部品については35年型フォード発売の際，日本フォードはエンパイヤも含めた東京の有力ディーラー3社に対し，配給車を使った即納体制をとるよう申し入れた。エンパイヤはこの要請に迅速に応じ，乗用車を改造した配給車に約100種の部品を積み，東京市バス営業所や私営バス会社，部品商を巡回した。この納入体制により，用品部はさらに営業成績を伸ばした。また，エンパイヤは全国の日本フォードディーラーの，一種の部品ディストリビューターだった。同店はその実績・立地から日本フォードとのコンタクトが密接だったため，相当な部品在庫機能を持っていた。日本フォードから公認されていたのかは定かでないが，他のディーラーに急ぎの商品が発生し，日本フォードにオーダーしていては間に合わない場合，エンパイヤに注文が来たという。エンパイヤは「日本のフォード王」「日本一のフォードディーラー」と称された（エンパイヤ自動車編［1983］）。そうした評判は，ただ販売台数だけでなく，部品を通した地方ディーラーとのつながりからも醸成されたのである。

　兄弟店の萬歳にも触れておこう。同店はデルコレミー社の電装部品や，

エンパイヤ自動車用品部のカウンター（1934年）
（出所）エンパイヤ自動車編［1983］。

ウォーカジャッキ社他多数の企業の機械工具を輸入販売しつつ，日本 GM が設立されると，改めてオーバーシーズモーターサービス・コーポレーションのセントラル・サービスステーション（日本総代理店）になった。GM 車の電装部品の修理・取換・クレーム処理という一連の保証サービスが重要な任務である。日本 GM のディーラーにもサービス工場があったが，日本 GM の場合，ダイナモ，スターター，ショックアブソーバーなどの電装部品はディーラーでは扱わず，すべて萬歳に持ち込まれることになっていた（バンザイ編［1990］）。

(5) 自動車用補修部品製造への進出

　柳田とエンパイヤを語るうえで重要な事業として，もうひとつ，自動車の国産部品製造があげられる。関東大震災後の自動車増加と輸入部品商の被災により，トラックの走行を維持する補修用部品の不足を彼は痛感していた。自動車と同様に部品も輸入するものだと考えていた柳田は，その頃から国産部品の必要性を認識し始めた。

　とはいえ，実際にエンパイヤが部品製造に着手した背景には，1931 年の満州事変を発端に悪化していく日米関係があったという。フォードの輸入部品に依存していたエンパイヤは，いち早く部品国産化に踏み切った。フォード部品を試作し，それらをもとに下請工場を指導しつつ，さらに新たな部品を製造していった。

　エンパイヤの評判は次第に高まり，1935 年頃には軍用トラックの部品製造を担っていた自動車部品製造株式会社から，軍用フォードトラックの部品製造を依頼された。以来エンパイヤは，戦時色の深まりとともに，軍用自動車部品業務の比重を高める（エンパイヤ自動車編［1983］）。1936 年の自動車製造事業法によりフォードの日本での活動に制限が設けられ，1940 年には日本を撤退した（尾高［1993］）。トヨタ，日産などの国産車の統制的な配給が，自由な販売に取って替わった。そんな戦時の自動車・部品配給体制下，柳田が存在感を示したのは自動車用補修部品の集荷・配給だった。柳田はフォード車の補修用部品の担当として，次々と新しい部品の製造ノウハウを吸収しつつ関連工場を育成・指導し，数限られた自動車の稼働維持に努めたのである。

■ おわりに

　戦後の1948（昭和23）年7月，エンパイヤの系譜をひくニューエンパイヤモーター株式会社がフォード総代理店となった（ニューエンパイヤモーター編［1973］）。梁瀬自動車もガソリン代用燃料装置の製作加工・販売や修理加工業務に精力を傾けた戦時期を経て，同年にGM総代理店となった（刊行會編［1950］）。梁瀬自動車（後に株式会社ヤナセ）とニューエンパイヤモーターは，ともに戦後長きにわたり，アメリカ二大メーカーの欠かせないパートナーとなる（日本自動車輸入組合［1996］）。その基礎をつくったのは，まぎれもなく梁瀬長太郎と柳田諒三だった。

　両者には異なる個性や特徴がある。自動車ディーラーとしては，梁瀬は自動車が富裕層のためのものであり，輸入商社が扱う商品だった時期から，三井物産とも共同しつつ存在感を示した。柳田は，製造者と直結した特約ディーラーという業態の登場――フランチャイズ・システムのアメリカから日本への移転とともに台頭した。

　2人の違いで興味深いのは，自らの著書ないし口述記録に残した関東大震災に関わる描写である。梁瀬は大西洋上の客船の図書館で文献を読み，乗用車の有効性に着目した。柳田は芝浦の工場付近を行き交う夥しい物資輸送のトラックを目の当たりにし，将来の自動車普及を予感しつつ，現下の部品不足に思いを馳せている。それまでの両者の事業が反映されているようでもあり，一方では，高級車販売の老舗たる「ビユイツクの梁瀬」（刊行會編［1950］）と，酷使されるタクシーや堅牢なフォードトラックを扱う「日本のフォード王」という両者の個性を示すようでもある。

　自動車販売を含めたうえでの自動車ビジネスの展開の仕方も異なっていた。最終的に「GM車絶対優先」と息子次郎に思わせるまでになった梁瀬に対し，柳田は早くから自動車の機能維持に関わる諸要素に着目し，萬歳とともにGMの電装部品などさまざまな市場に食い込んだ。「日本のフォード王」となる前から継続してきた補修用部品や機械工具関係は，戦後のエンパイヤ自動車株式会社や株式会社バンザイに継承されている。

以上のような異質性がありながらも，彼らはともに，戦前に有力自動車ディーラーとして一時代を築いた。運転手養成，バス，タクシーなどの自動車運輸事業，自動車の安全・正常な走行に欠かせない部品・用品の販売，自動車を有効活用するための車体製作，あるいは社会的信用向上のための努力など，セールス以外の多様な事柄にも先駆的に取り組んだことも両者に共通している。2人のこうした歴史からすると，彼らは日本における黎明期の自動車人と呼ぶにふさわしい。

〈注〉
1）ここにいたるまでの梁瀬商会の開業や，第一次世界大戦下の同店の活動については，芦田［2012a］も参照されたい。
2）とくに日本フォードディーラーを始めるまでの柳田およびエンパイヤについては，芦田［2012b］も参照されたい。
3）『エンパイヤ自動車學校學則並講義録案内』による。

〈参考文献〉
麻島昭一［2001］『戦前期三井物産の機械取引』日本経済評論社。
芦田尚道［2012a］「第一次大戦期の梁瀬商会と三井物産 —梁瀬長太郎の『独立』をめぐって—」『関東学園大学紀要 Liberal Arts』第20集，31-50頁。
芦田尚道［2012b］「自動車フランチャイズ・システムの先駆的・代表的参加者 —日本フォード特約ディーラー柳田諒三（エンパイヤ自動車商会）の創発過程—」法政大学イノベーション・マネジメント研究センター『イノベーション・マネジメント』No.9, 1-38頁。
いすゞ自動車株式会社社史編集委員会編［1988］『いすゞ自動車50年史』いすゞ自動車株式会社。
エンパイヤ自動車社史編纂委員会編［1983］『エンパイヤ自動車七十年史』エンパイヤ自動車株式会社。
尾崎正久［1942］『日本自動車史』自研社。
尾高煌之助［1993］「日本フォードの躍進と退出 —背伸びする戦間期日本の機械工業—」『アジアの経済発展—ASEAN・NIEs・日本—』同文舘，173-196頁。
自動車工業会編・刊［1965；1967］『日本自動車工業史稿（1）（2）』。
「日本自動車史と梁瀬長太郎」刊行會編・刊［1950］『日本自動車史と梁瀬長太郎』。
日本自動車輸入組合編・刊［1996］『輸入車の歩みⅢ』。
ニューエンパイヤモーター株式会社編・刊［1973］『25年のあゆみ』。
バンザイ70年史編纂委員会編［1990］『株式会社バンザイ七十年史』株式会社バンザイ。

細川清著・細川邦三編［2007］『ニッポン自動車セールス昔話』文芸社.
マイラ・ウィルキンズ，フランク・E・ヒル共著（岩崎玄訳）［1969］『フォードの海外戦略（上）』小川出版.
松村茂編［1974］『山口日産四十五年史』山口日産自動車株式会社.
水野賢次郎編［1932］『東京自動車業組合史』舊東京自動車業組合・現東京自動車業組合聯合會.
柳田諒三［1944］『自動車三十年史』山水社.
梁瀬次郎［1981］『轍1 日本自動車界のあゆみとヤナセ』図書出版社.
山本豊山［1935］『梁瀬自動車株式會社二十年史：本邦自動車界側面史』極東書院.
呂寅滿［2011］『日本自動車工業史 ―小型車と大衆車による二つの道程―』東京大学出版会.
和田一夫・由井常彦［2001］『豊田喜一郎伝』トヨタ自動車株式会社.

第2章

日本における自動車製造の胎動
―橋本増治郎・豊川順弥―

宇田川　勝

■ はじめに

　ガソリン・エンジンを搭載した自動車は1880年代にヨーロッパに登場し，90年代にはアメリカでも生産され始めた。そして，1900年頃には日本でも自動車が出現したが，欧米先進国に比べてその普及速度は遅く，1910年当時の保有台数はわずか121台にすぎなかった。実際，自動車の所有者は少数の上流階層に限られており，その多くはヨーロッパ製の輸入車であった。そうした状況下でも，1900年代には欧米から持ち帰ったエンジンにシャシーを組み立てたり，輸入車を分解し，機械部品をコピーして製作を試みる自動車発明家とも呼ぶべき内山駒之助，吉田真太郎，山羽虎夫らの先駆者が現れたが，彼らの工場は小規模で試作車を数台製作したにとどまった。1910年代に入ると，自動車の工学技術・理論を学び，アメリカ等で機械工業を見学・体験した技術者企業家が自らの手で自動車国産化を夢みて起業し始めた。そして，第一次世界大戦ブームによって好利益を享受した造船業をはじめとする機械メーカーのなかからも，多角化戦略の一環として自動車事業に着目して，その生産を計画する企業が出現した。

　1910年代から20年代前半にかけて，自動車工業をとりまく環境も大きく変化した。まず第1に第一次世界大戦中に自動車が初めて戦場に登場し，その軍事的輸送価値が認められた。日本でも1918（大正7）年に最初の自動車工業育

成政策である軍用自動車補助法が制定された。第2に第一次世界大戦による好景気は自動車の普及を一段と進めた。そして第3に1923年に発生した関東大震災後の復興過程のなかで，自動車は人員，物資の新しい輸送手段としての実用性を発揮し，自動車需要を増大させた。しかし，黎明期の国産メーカーはそうした自動車市場の拡大を享受することができず，逆に1920年代半ば以降，米国自動車メーカーの日本市場進出のなかで倒産あるいは自動車生産を中止し，外資系企業に市場を支配されてしまった。

本章ではそうした日本自動車工業の胎動期において，自動車国産化課題にもっとも果敢に挑戦した技術者企業家として，快進社創業者の橋本増治郎と白楊社創業者の豊川順弥を取り上げ，両者の企業家精神旺盛な事業活動とその後の日本自動車工業発展への貢献について考察する。

1 橋本増治郎と快進社

(1) ダット号の誕生

橋本増治郎は，1875（明治8）年に愛知県額田郡柱村（現・岡崎市）に生まれた。橋本は地元の羽根小学校，岡崎高等小学校で学んだが，学業成績は常に一番で，「舶来頭」とあだ名された。岡崎高等小学校長の菅井良治は，「増治郎君は岡崎に埋もれさすには惜しい少年，是非東京へ出してあげなさい」と，父

橋本増治郎
（出所）日本自動車殿堂提供。

親と長兄を説得してくれた（下風［2010］）。その結果，橋本家は士族ではなかったが，菅井校長の計らいで東京・本郷にあった旧岡崎藩主本多子爵邸内の「龍城館」への入寮が認められた。そして，1891 年に橋本は東京工業学校機械工芸学科[1]に入学した。橋本が上京するとき，長兄の松次郎は餞別として，以下の五項目の戒め書を贈った。

「（一）家は一貧農にして金銭に乏しきも汝の望みにより多金を投じて旅学せしむ。自身の名誉を上げんために精々学事につとめ酒色に耽らざるよう注意せよ。都会は人質薄情なれば心を正直にして養生を第一とせよ。
（二）金万家の子弟と同じことは出来ないから貪学せよ。
（三）汝が失敗することあれば両親，他人にも申訳ない。兄は汝の卒業まで一秒間も農業を怠らぬから汝は工学に勉励せよ。
（四）学資の儀は家内一同申合せ追々送るから心配するな。
（五）真宗の家に生まれたから朝夕仏恩に報ぜよ。」（橋本増次郎顕彰会編［1957］4～5 頁）

橋本は兄の訓戒を守って学業に専念し，1895 年に東京工業学校を卒業した。そして，1896 年に名古屋市第三師団工兵第三隊に入営して 3 年間の兵役を終えると，住友別子鉱山に入社し，新居浜製錬所機械課に勤務した。別子鉱山は住友財閥の「ドル箱」的存在であり，当時，日本で近代化と機械化がもっとも進んでいた鉱山の 1 つであった。しかし，橋本は別子鉱山を 2 年で退職した。橋本は自立と独立の意志が固く，将来，機械工業分野で新しい事業を起こしたいと考えていたからである。そして，そのチャンスは 1902 年に東京工業学校・手島精一校長の推薦によって，「農商務省海外実業練習生」に選ばれたことで，実現に近づくことになる。「海外実業練習生」制度は，1896 年に日清戦争後の貿易振興計画の一環として，高等教育を受けた民間人で将来商工業界の指導者となる人材を選抜し，3 年間にわたって月額 50 円の練習補助金を支給して海外で実地に研修させることを目的とした施策で，東京工業学校卒業生からは毎年 1 名が欧米先進国に派遣されていた。橋本は派遣先として新興工業国のアメリカを志望し，ニューヨーク領事館の紹介でニューヨーク州・オーバン市の蒸気機関製作会社「マッキントシュー社」に勤務した。橋本は当初 2 年現

場で機械加工と組立作業を学び，3年目に設計業務を習得する予定であった。しかし，実習3年目の1904年に日露戦争が勃発した。実業練習生には兵役免除の特典があったが，愛国心の強い橋本は免除申請を行わず，1905年2月に帰国し，名古屋第三師団第三工兵隊を経て3月から技術将校として東京砲兵工廠で「機関銃の改良」に従事した。

1905年9月，日露戦争は終結した。招集解除後，橋本は押上森茂東京砲兵工廠長の依頼で陸軍に銃器製作用の旋盤，フライス盤を納入していた中島鉄工所の技術長に就任した。しかし，中島鉄工所の経営は日露戦後の輸入品再開で行き詰り，田健治郎男爵の経営する九州炭鉱汽船に買収された。そして，1907年に橋本は同社の崎戸炭鉱に「着炭まで」の約束で，技師・所長心得として勤務した。崎戸炭鉱の開発が進み操業が軌道に乗ると，1910年に九州炭鉱汽船を辞め，念願の新事業を起こすため上京した。橋本にとって，九州炭鉱汽船時代は貴重であった。この間，橋本は田健治郎と彼の盟友で同社相談役でもあった竹内明太郎（吉田茂元首相の実兄）[2]の知遇を得た。独立後，彼らの支援を受けることになるからである。

橋本は起業分野として自動車工業を選んだ。橋本がマッキントシュー社で蒸気機関の製作技術を学んでいた当時，原動機（エンジン）は蒸気機関から内燃機関への転換期であり，彼自身もガソリン自動車の登場を目の当たりにし，同工業が20世紀の機械工業の中核となると確信していたからである。上京すると，橋本は，欧米の自動車業界と自動車自体の事情に精通していた日本自動車社長の大倉喜七郎[3]に自動車事業進出の可能性を相談した。大倉はつぎの3点の理由をあげ，思いとどまるよう忠告した（下風［2010］）。

1) 自動車の製造より，部品を製造する方が利益がある。
2) 自動車製造は簡単ではない。国の工業全体が進歩することが必要だ。
3) 自動車製造はまだ日本では時期尚早。

しかし，橋本の意志は固く，今度は竹内明太郎に相談した。橋本の人格と技術者能力を高く評価していた竹内は，自動車事業の国産化は日本のために絶対に必要であるという橋本の信念に同意し，工場建設地の選定と起業資金の出資について田男爵と相談のうえ，協力することを約束した。

かくして，1911年に橋本は東京・広尾にあった竹内の実弟・吉田茂邸の一

遇に快進社自働車場を開設した。快進社の起業資金は8,700円で，このうち田健治郎が1,000円，青山禄郎（橋本の同郷の友人で田の逓信省次官時代の部下），竹内明太郎が1,500円ずつ出資した。

　この3人は，以後，快進社の増資のたびに出資を続けることになる（表2-1）。快進社発足当初の従業員は7名で[4)]，主要設備はフライス盤1台，旋盤2台，ボール盤1台であり，①輸入車の組立（スイフト，プジョーなど），②自動車の修理，③日本製乗用車の製作を主力業務としていた。橋本の最終目標は快進社第1回事業報告書（1911年4月〜11月）に「工場設立ノ目的ハ日本製実用乗用車ノ製作ヲナスニアリ」と明記しているように（奥村［1960］），③の日本製乗用車の製作にあった。ただ，その目標を早期に実現するためにも，①と②の輸入車の組立，自動車の修理で快進社の経営を支える必要があったのである。そして，目標とする日本製乗用車の製作と車種およびその方法について，快進社第5回事業報告書（1913年4月〜11月）はつぎのように記している。

　「自動車ノタメ工場ヲ如何ニ今後発展セシムヘキカハ依然トシテ難問ナリ。蓋シ製作工業ハ大勢上益々多量製作ニヨル価格低廉ヲ以テスル経済戦ナレバ限ラレタル市場ニ多種類ノ車ヲ供給セントスル事ハ難事ニシテ必スヤ或種ノ車輛ヲ製出シテ広クソノ販路ヲ開拓スルノ法ニヨラサルヘカラス。而シテ此目的トシテハ一ハ小型ノ実用自動車（自家用車）一ハ運搬又ハ乗合ニ用フル営業用車タルヘシト思ハル。工場ハ目下ノ如ク重ニ修理工事ニヨリ傍ラ輸入車ノ供給ヲナス存立法ヲ持続シツツ必要ニヨリ資本金60,000円位迄ノ拡

表2-1　快進社自働車工場投資額の推移

期別	期間	出資者ならびに出資額（円）				
		D	A	T	橋本	合計
第1期	1911. 4.　〜 1911. 11. 30	1,000	1,500	1,500	4,700	8,700
第2期	1911. 12. 1 〜 1912. 5. 31	2,000	2,500	2,500	4,700	11,700
第3期	1912. 6. 1 〜 1912. 11. 30	2,000	2,500	2,500	4,700	11,700
第4期	1913. 12. 1 〜 1914. 5. 31	2,000	2,500	3,000	5,000	12,500
第5期	1914. 6. 1 〜 1914. 11. 30	2,000	2,500	3,000	5,000	14,000

（注）1．出資者Dは田健治郎，Aは青山禄郎，Tは竹内明太郎。
　　　2．第5期の橋本投資額中には，長男斧太郎の1,500円を含む。
（出所）自動車工業会編［1967］。

ダット（DAT）41 型セダン
（出所）小林 [1995]。

張ヲナシテ，コノ方面ノ研究ヲナシ愈々製作着手ノ基礎ヲ得ルニ至レハ茲ニ製作工場トシテ局面ノ展開ヲ割スルノ順序ヲ採ルニ至ルヘシ」（橋本増次郎顕彰会編 [1957] 16〜17 頁）。

「外国産の見取り構造によらない独自設計。4 気筒，15 馬力，速力 20 マイル」の日本製自動車の試作を目標としていた橋本にとって（下風 [2010]），最大の障害は，「外注エンジン鋳物の不良」であった（自動車工業会 [1967]）。大倉喜七郎が忠告したように，当時の日本の工業水準では 4 気筒単塊シリンダー・ブロックの薄肉鋳造品を製作することはできなかった。そのため，工場開設から 2 年かけて試作した第 1 号車は失敗に終わった。そこで，第 2 号の試作にあたってはエンジンを V 型 2 気筒に変更し，欠陥部品の改良と部品の自家製作に努め，外注した鋳物および鋳造品の熱処理・仕上げ・組立はすべて快進社で行った。こうして 1914（大正 3）年に試作した第 2 号車は DAT（ダット）自動車と命名され，同年 3 月に東京・上野公園で開催された東京大正博覧会に出品し，銅牌を獲得した。DAT 車は車輪，タイヤ，マグネット，点火栓，ボールベアリングを除き，他の機能的部品は国産品を使用していた。DAT の車名は創業以来の支援者の田（D），青山（A），竹内（T）のイニシアルと脱兎のごとく走る願いを込めて名づけられた（日産自動車編 [1965]）。

(2) 株式会社快進社の設立と実用自動車製造との合併

　ダット自動車の完成後，橋本増治郎は輸入車の組立と自動車修理の業務を縮小し，念願の日本製乗用車の製作に集中した。そして，1918（大正7）年に快進社を東京・池袋に移転し，資本金60万円の株式会社に改組した。この株式会社改組にあたって，橋本は以下の趣意書を発表した。

　「自動車の今日の時世に必要具たる理由，およびその実際は今改めて説明するの要なし。わが国においてもとうていこの世界的大勢の襲来を避くるを得ず，漸次その使用数を増加し，特に昨今においてはその増加率ははなばなしく，単に東京において本年上半期に500台の増加を示せり。しかれども，これを欧米諸国の利用に比すれば，わが国3,000台の自動車はいまだに比較をなすに足りる程の数にあらず，前年米国より帰朝せる人の談に米国（ハワイを含む）に居住する日本人の所有する自動車数は，母国の全数よりも多しといえるよりみるも，わが国の自動車界が前途ますます多難なるは予想するに難からず。快進社は明治44年の設立にして年を経ること7年，もっぱら自動の修理に従事し，かたわら試験的の製作をなし，すでにその製品は一般の認識するところにおいて，また各種の博覧会において賞を受けたり。

　われら発起人はこの機運において快進社を買収してその移転拡張を尽し，従来の修理をなすと共に，わが国に適応する乗用車および貨物車の製作をなし，輸入を防遏し進んでは隣国に輸出するの挙に出でんとす。これ実に国家に対する必要工業たるのみならず，また実に将来の世運に応ずる有利工業たるものなり。ひとえに大方のご賛同を希望するゆえんなり」（自動車工業会編［1967］311〜312頁）。

　第一次世界大戦ブーム出現のなかに橋本は念願する自動車国産化の企業機会を見出し，その実現に向かう決意を新たにしたのである。株式会社改組時の快進社の株主は田篤（健治郎の長男），青山禄郎，竹内明太郎の支援者をはじめとする91名で，従業員数は50〜60名を数えた。工場敷地は6,000坪で機械工場，仕上工場，運転試験場を備えており，新たにフランク軸研磨盤，グリーソン歯切盤などの専用工作機械20台を輸入した。また，もっとも入手に苦労した素材の鋳造および鋳造品は1917年に支援者の竹内明太郎が創業し，橋本も技師長に就任していた竹内鉱業所小松鉄工所から供給を受けることになってい

表2-2 民間自動貨物車審査成績表（1922年5月軍用自動車調査委員会）

	インディアナ	ガーフォード	ダイヤモンド	TGE	ダット	シボレー	レニヤ
製造国	アメリカ	アメリカ	アメリカ	日本	日本	アメリカ	アメリカ
積載トン数	1.25	1.5	1.0	1.5	0.75	1.0	0.75
気筒数	4	4	4	4	4	4	4
S A E 馬力	25.0	22.5	15.3	24.8	15.5	21.75	15.8
揮発装置	ストロンバーグ	同左	同左	同左	ダット	ゼニス	同左
点火装置	アイズマン	スプリウトドルフ	ボッシュ	同左	デルコ	レミー	シムス
伝導方式	永転縲式	同左	同左	内輪	永転縲式	同左	同左
車軸間距離 m	3.40	3.44	3.38	3.50	2.54	3.20	3.20
第一速度 粁/時	9.573	13.043	11.11	14.516	14.63	12.00	12.00
経典半径 m 右/左	4.50 / 4.50	6.90 / 5.20	7.40 / 5.25	6.60 / 4.35	3.75 / 4.20	5.05 / 5.50	4.35 / 4.80
燃料消費量 l 1時間当り / 1km当り	6.000 / 0.284	4.408 / 0.208	4.727 / 0.226	4.29 / 0.227	3.694 / 0.189	4.114 / 0.208	3.777 / 0.262

（出所）奥村 [1960]。

た。

　こうして気運宏大な構想のもとで新たにスタートした快進社は，1919年に日本で最初の単塊鋳造4気筒エンジンを搭載したダット41型車を完成した。そして，この41型車は1921年に京都で開催された全国工業博覧会で金牌授与の栄誉を受けた。また，1922年の軍用自動車調査委員会において，国産車としてダット41型トラックは東京瓦斯電気工業のTGEトラックとともに出品され，外国車に対して遜色ない性能を有し，とくに燃料消費量に優れていることが証明された（表2-2）。

　しかし，快進社は販売網を整備する余裕がなかったこともあって，順調な企業成長を遂げることはできなかった。その第1の要因は1920年に第一次世界大戦ブームの反動恐慌が発生し，それ以後，日本経済は相次ぐ恐慌に見舞われ，不況の淵に沈淪したからである。第2の要因は1923年に発生した関東大震災後の自動車市場の拡大を見越してアメリカのフォード，ゼネラル・モーターズ（GM）の両社が日本に進出して来たことである。とくに第2の要因は黎明期の国産メーカーに致命的な打撃を与えた。関東大震災によって交通網が

破壊された東京市と鉄道院は物資と人員の輸送手段としてフォード社に1,000台のバス・トラックの緊急輸入を発注した。すでに多国籍企業としての道を歩んでいたフォード社はただちに調査員を日本に派遣して日本市場が有望であると確認すると，東アジア進出の拠点として当初考えていた中国・上海に代えて，日本進出を計画し，その工場建設地に横浜を選んだ。そして，フォード社は1924年に資本金400万円の日本フォードを設立し[5]，翌25年からノックダウン方式により組立生産を開始した。フォード社の日本進出はGMを刺激し，GMも1927（昭和2）年に大阪に資本金800万円の日本GMを設立し，同様に組立生産を行った。こうしてフォード，GM両社が日本市場進出を果たし，量産体制と全国各地にディーラーを設置して割賦金融を実施すると，国産メーカーはとうてい太刀打ちできず，後述する軍用自動車補助法の許可会社となっ

表2-3 自動車の供給状況

(単位：台)

年	輸入完成車数	国内生産 ( )は小型車	輸入組立車	輸入組立車内訳		
				日本フォード	日本GM	共立自動車
1916	218					
1917	860					
1918	1,653					
1919	1,579					
1920	1,745					
1921	1,074					
1922	752					
1923	1,938					
1924	4,063					
1925	1,765		3,437	3,437		
1926	2,381	245	8,677	8,677		
1927	3,895	302	12,668	7,033	5,635	
1928	7,883	347	24,341	8,850	15,491	
1929	5,018	437	29,338	10,674	15,745	1,251
1930	2,591	458	19,678	10,620	8,049	1,015
1931	1,887	436 (2)	20,199	11,505	7,478	1,201
1932	997	880 (184)	14,087	7,448	5,893	760
1933	491	1,681 (626)	15,082	8,156	5,942	998
1934	896	2,247 (1,170)	33,458 輸 349	17,244	12,322	2,574
1935	934	5,094 (3,913)	30,787 出 626	14,865	12,492	3,612

（注）共立自動車はクライスラーと同社の日本販売店の共同出資で設立された。
（出所）日産自動車編［1965］。

ていた東京瓦斯電気工業（自動車部），東京石川島造船所（自動車部），ダット自動車製造の3社を除いて，倒産あるいは事業の縮小・撤退を余儀なくされた。その結果，表2-3に示したように，日本自動車市場はまたたくまにフォード，GMの外資会社に席巻されてしまった。

　第一次世界大戦後の経営悪化打開策として，快進社は再度自動車修理業務に注力する一方，1922年にダット41型乗用車とエンジン・シャシーを共有するトラックを製作し，それを軍用自動車補助法の対象車種にしようと計画した。同法は第一次世界大戦で自動車の軍事輸送の有効性を認識した陸軍の強い要請によって制定された法律で，メーカーに製造補助金（1車両1,000円以内），使用者に購買補助金（同1,000円以内）維持補助金（1年600円以内，5年間）を政府が支給し，いったん戦争が起こった場合，徴発して軍事輸送に用いることを目的としていた。制定当初，軍用自動車補助法は積載量1トン以上の重量車輌を補助対象としていたが，1921年に改正され，民間需要者の要望の多い軽量の3/4トン車にも適用されることになった。そこで，快進社はダット41型車に改良を加え，トラックとして軍用自動車補助法の資格検定を申請した。しかし，この申請はダットトラックが使用しているボルト・ナットが陸軍の規格に合わず，受理されなかった。そこで，快進社はボルト・ナットを陸軍の規格に直し，さらに41型ダットトラックの改良を重ねて2年後に再申請を行って，1924年に軍用保護自動車の検定に合格し，軍用自動車補助法の許可会社となった。また同時に，橋本は自家製バスを利用して，1923〜26年の間，豊島―目白間の乗合自動車事業も兼営した。

　しかし，表2-4にみるように，快進社の経営は一向に改善されず，1923年には従業員を約30名に半減し，資本金を10分の1の6万円に減資した。そして，橋本は，1925年3月，日本フォードが組立生産を開始すると，快進社の経営継続は単独では困難であると判断して，同年7月，同社を解散し，後述の実用自動車製造との合併を前提とする資本金10万円の合資会社ダット自動車商会を設立した。

　快進社の事業活動続行を危惧した橋本の友人で出資者でもある青山禄郎は，妻の兄で陸軍の自動車工業行政の責任者であった能村磐夫（のちの陸軍中将）に同社の経営事情を話し，能村の斡旋による大阪の実用自動車製造との合併を

第 2 章 日本における自動車製造の胎動

表 2-4 快進社の経営推移

期間	資本金(万円) 公称	資本金(万円) 払込	当期純利益 (円)	設備機械 (円)	従業員 (人)	備考
1918 年 10 月～11 月	60	15	359	17,893	26	
1918 年 12 月～1919 年 5 月	60	15	2,940	27,382	29	米国に注文した材料・用品は戦争のため延期
1919 年 6 月～11 月	60	15	4,875	46,208	43	修理工事は多忙，製造は進行中
1919 年 12 月～1920 年 5 月	60	15	1,689	55,003	55	乗用車数台製造中，貨物車製造計画中
1920 年 6 月～11 月	60	15	-6,065	56,983	52	修理工事減少
1920 年 12 月～1921 年 5 月	60	21	-1,768	54,851	46	修理工場売却，製造自動車は販売できず
1921 年 6 月～11 月	60	21	-11,013	54,853	30	新車 3 台販売
1921 年 12 月～1922 年 5 月	60	21	-7,043	56,227	30	今後主力を修理・鍛工製品に転換の方針
1922 年 12 月～1923 年 5 月	6	6	-6,740	50,485	35	減資，3/4 トン貨物車を 1 トンに変更して陸軍の審査に参加，今後は乗用車を止めトラックに重点
1923 年 6 月～11 月	6	6	-9,866	50,485	32	震災の被害は軽微，保護車資格検定に出願・審査中。当局から設備増大を求められ，準備中
1923 年 12 月～1924 年 5 月	6	6	-9,361	50,485	30	3/4 トン物車が保護車として許可され，2 台の製造命令を受ける。自動車 1 台当たり 1,000 円の損失の状態のため，今後は修理と保護車製造に専念する方針
1924 年 6 月～11 月	6	6	-7,404	13,078	30	トラック 2 台検査合格，乗合自動車資格検定に出願，2 台の製造命令を受ける。機械債権者と製品の一手販売と機械の賃貸借契約を締結
1924 年 12 月～1925 年 5 月	6	6	-4,922	16,816	35	乗合自動車 2 台検査合格。官庁から注文の見込み有り

(出所) 呂 [2011]。

画策した。実用自動車製造は久保田鉄工所社主の久保田権四郎が大阪財界の有力者に出資を要請して1818年に資本金100万円で設立された会社で，月産能力50台の工場設備を有し，ゴルハム式三輪車，同四輪車，リラー号を製作していた。しかし，実用自動車製造も第一次世界大戦後の長期不況とフォードの日本市場進出によって大打撃を受け，生き残り策として軍用保護自動車生産への道を模索していた。橋本は自動車製造事業を継続するためには，能村の斡旋を受け入れて，当面は軍用保護自動車生産に集中せざるを得ないと考え，ダット自動車商会を資金力のある実用自動車製造へ合併させる決断をした。その結果，1926年9月，ダット自動車商会と実用自動車製造は合併し，資本金40万5,000円のダット自動車製造が誕生した。ダット自動車製造の社長には久保田権四郎が就任し，橋本増治郎は権四郎の女婿久保田篤次郎とともに専務取締役となった。

ダット自動車製造は軍用保護自動車であるダット41型トラックを改良した1〜1.5トンの51型の生産に集中して，1926年から30年の5年間で342台の生産を記録し，東京瓦斯電気工業（自動車部），石川島自動車製作所（1929年に東京石川島造船所自動車部が分離独立）と並んで国産3社の1つに数えられ

表2-5 軍用保護車の適用台数および軍用メーカーの生産台数

単位：台，円

年度	保護車台数				軍用車メーカーの生産台数			
	予定	告示	適用	金額（円）	石川島	瓦斯電	ダット	合計
1918	15	15	4					
1919	85	89	33			12		12
1920	100	95	22			49		49
1921	150	73	28			28		28
1922	200	181	3	36,347				0
1923	250	150	16	83,525	3	2		5
1924	300	65	84	312,516	15	9	2	26
1925			28	160,585	103	6	18	127
1926			131	495,142	202		43	245
1927			154	557,157	243	25	34	302
1928			114	609,400	246	70	117	433
1929			261		205	58	11	274
1930			238		177	57	137	371

(出所) 呂 [2011]．

た（表 2-5）。こうしてダットの車名は残った。ただし，その名称は支援者 3 名を記念するためにイニシアルをとって命名されたものとは異なり，製品としての自動車の特徴を表現する Durable（頑丈），Attractive（魅力的），Trustworthy（信頼性）の 3 つの意味合いで使用されることになった（日産自動車編［1965］）。

　実用自動車製造の経営下でも，橋本は乗用車生産の夢を持ち続けた。そして，同社の技術長後藤敬義に指示して，1930 年にダット号を改良した水冷式，4 気筒，気筒容量 500cc の試作小型車を完成させ，翌 31 年には同車の大阪―東京間のノンストップ 10,000 マイルの運行試験に成功した。橋本と久保田の両専務はこの小型車の量産を計画したが，久保田権四郎社長と他の役員にその意思はなかった。そうした折，自動車業進出を画策していた戸畑鋳物大阪工場長の山本惣治はこの小型乗用車に関心を持ち，社長の鮎川義介に進言して，1931 年 6 月，ダット自動車製造株式の大半を買収し，自ら取締役に就任した。

　戸畑鋳物の傘下会社となったダット自動車製造は新小型自動車の車名をダット号の息子の意味でダットソン（DATSON）と命名し，その生産を決定した。この事態を見届けた橋本は自分の使命は終わったと判断し，1931 年 6 月，ダット自動車製造の役員を辞任し，21 年間の自動車人生に自ら終止符を打ったのである。

2 豊川順弥と白楊社

（1）　生い立ちと青年発明家

　豊川順弥は 1886（明治 19）年に東京・本郷で父良平の長男として生まれた。父親の豊川良平は三菱財閥創業者の岩崎弥太郎・弥之助の従兄弟であった。良平の父，小野篤治は医師で岩崎兄弟の母美和の実弟であった。良平は本名を小野春弥といい，幼年時に両親が死去すると，岩崎家に引き取られて弥太郎や弥之助と兄弟同様に育てられた。良平は 1870 年の平民名字許容令時に日本と中国の英雄・豊臣，徳川，張良，陳平から一字ずつとって豊川良平と改名した。

　良平は 1875 年に慶應義塾を卒業すると，一時，三菱商業学校，明治義塾の会計監督・塾長などを務めたのち，85 年の岩崎弥太郎の死去後，弥之助を補

佐するために三菱の事業経営に参画して，89年に第百十九国立銀行の頭取，95年に三菱合資会社の副支配人兼銀行部主任に就任し，その後，97年に三菱合資支配人，99年に銀行部長となった。そして，1910年から13年まで三菱合資の管事を務め，14年には東京市会議員，16年には貴族院議員に選出された。

豊川順彌
（出所）国立科学博物館蔵。

　三菱財閥の重鎮を父に持つ豊川順弥は，一風変わった人生を歩んだ。豊川は虚弱体質で小・中学校時代は休みがちであった。その代わり，父良平の友人，知人の計らいで陸・海軍工廠，各地の工場・鉱山・造船所・発電所などを見学し，同時に東京帝国大学工科大学の末広恭二助教授（のちに三菱造船所研究所顧問）個人授業を受けて，科学と工学知識を深めていった。1907年に豊川は東京高等工業学校機械工芸科に首席で入学するが，画一的な教育になじめず中途退学し，自らの研究所兼工場の「白楊社」を設立し，各種機械，工具，測定機などの開発と試作に専念した。白楊社で豊川は船舶等の自動操舵装置に

オートモ号のエンジン
（出所）国立科学博物館編［2000］。

関するダブル・ジャイロスコープ（Double Gyroscope）を発明するが，特許を出願した特許局でその技術内容を十分に理解できる者はいなかった。そこで，2年前に自動車の研究調査のために訪米していた弟・二郎の勧めもあって，1915（大正4）年に順弥は欧米でのジャイロスコープの特許取得を決意した。豊川の発明は欧米のジャイロスコープの研究者から高い評価を得，米・英・独・仏各国で特許を取得した。しかし，豊川の特許自体の企業化については専門家の間で意見が分かれ，彼が目標とした米国企業と提携してジャイロスコープを製作する計画は実現できなかった。しかし，この研究成果によって，海軍大学校の顧問を依頼された（豊川［1959］）。

2年間の滞米中に豊川は弟の影響を受けて発展著しい自動車に関心を抱き，1917年10月の帰国に際して農耕機，写真機，事務用機器と合わせて，スーサー，オーベン，ガードナー各車の日本での販売代理権を取得した。帰国後，フォードT型に触発された豊川は大衆乗用車の生産を計画した。しかし，日本の工業水準では総合機械産業である自動車工業は成立不可能であるとして，父親の「良平はじめ周囲の大反対」を受けた（国立科学博物館編［2000］）。事実，三菱造船は1917年に自動車試作に着手し，20年にイタリアへのフィアット0（ゼロ）号をモデルとした乗用車「三菱A型」を完成しながら，翌21年には「米国の自動車量産方式等の研究の結果，企業的には当時の我国に合致せず」，しかも「国内市場狭小のため採算の見込みがない」と判断して，自動車工業進出を断念していた（三菱重工業編［1956］）。ただし，ジャイロスコープの世界特許を得たことで，父良平は豊川の「発明道楽の価値」を認め，自動車製造の研究を許してくれた（自動車工業会編［1967］）。

(2) オートモ号の生産と白楊社の閉鎖

豊川順弥は自動車研究のかたわら，白楊社に自動車販売部を設け，米国車，グッドイヤータイヤの輸入販売を開始した。そして，1920（大正9）年に父良平が死去すると，生前父から財産の半分譲渡の約束を得ていた順弥は，その「全部を使ってしまう覚悟で国産車の製造を計画した」（自動車工業会編［1967］）。そして，彼は「外国車をサンプルとすることは絶対しない」という考えにもとづいて，白楊社で工作機械・冶工具から素材の鍛造材料および各種

エンジン・歯車等を内製する方針をとった。1920年10月、空冷式780cc、1,610ccのL-head型4気筒エンジン2台の車を試作し、それを「アレス号」と名づけた。そして、このアレスは2台とも1922年に東京・上野公園で開催された東京平和博覧会に出品し、銀牌を獲得した（同上）。

アレスの試作成功で自信を深めた豊川は、日本の国情に合った小型乗用車は空冷式エンジンの方が望ましいと判断し、空冷式アレスの研究改良とロードテストを繰り返し、1922年8月には東京―大阪間の40時間ノンストップ走行に成功した。豊川は小型乗用車の多量生産を企図し、1922年10月、車名を豊川家の先祖の大伴旅人にちなんで「オートモ号」と改称した。

オートモによる自動車国産化を達成するために、順弥は斬新かつユニークな活動を展開した。1923年に空冷式オーバヘッド・バルブ（OHV）型980ccの試作車を完成させると、同年7月から8月にかけて東京―仙台間往復、箱根・

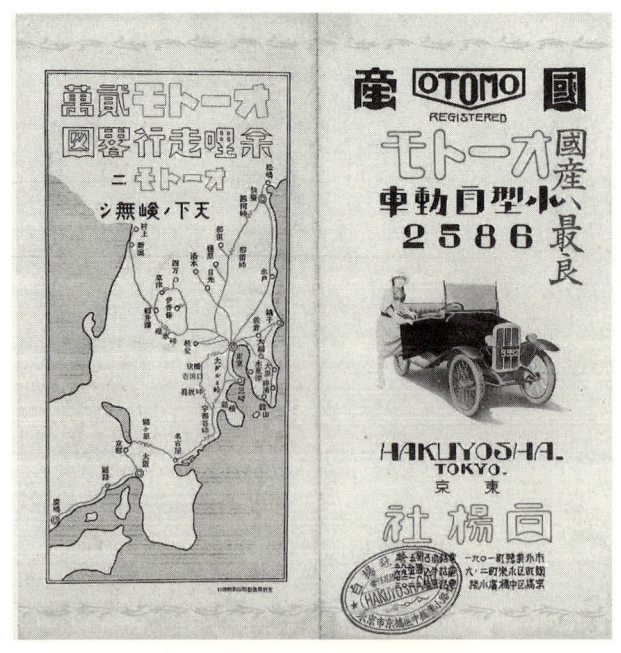

オートモ号のカタログ（1926年）
（注）中央の数字は皇紀2586年の意味。
（出所）国立科学博物館編 [2000]。

碓氷峠越え，日光，塩原方面，東京―大阪間の連続走行を矢継ぎ早に行ってオートモの性能を確かめ，11月から本格的な販売を開始した。そして，豊川は自動車の組立生産方式の実際を知ってもらうため，麹町区永楽町（現・千代田区）の白楊社販売部で1923年11月15日から17日までの3日間，加藤高明首相をはじめ各界の名士を招待し，オートモの分解・組立作業の実演を行った。この実演会は一般公開され，3日間で約5,000人が集まる盛況を博した。また，豊川はオートモの性能が外国車に比べて遜色のないことを実証するため，1925年12月13日に行われた，日本最初の自動車レースである東京・洲崎レースにオートモを出走させた。出走車は20車で，国産車はオートモのみであったが，同車は見事に予選で第1位，決勝で第2位の成績を収めた。続いて，翌1926年4月に『モーター』誌150号を記念して開催された，大阪―東京間自動車ノンストップ・レースにも，オートモは唯一純国産車として参加し，第4位に入る快走をした。

　この間，1925年11月，オートモは輸出日本車の第1号となった。当時の東京朝日新聞は，「日本で出来た自動車が初めて上海に輸出された。願わくは，将来の日本の自転車のように，輸出される車を期待する」と記している（国立科学博物館編［2000］）。順弥はオートモの販売広告にも意を注ぎ，日本の自動車メーカーとして最初の試みである女優の水谷八重子や岡本文子をモデルとしたポスターやカタログを作成し，各方面に配布した。

　また，豊川は，「月給は世間の約3倍を支払い，その代わりに最大級の能力

オートモ号に乗る水谷八重子
（出所）国立科学博物館編［2000］。

を発揮してくれる」有能な人材を広範囲に集めた（自動車工業会編［1967］）。このとき，白楊社に在職した人のなかには，表2-6にみるように，のちに自動車業界をはじめ，各界で活躍する人材が多数存在する。なお，白楊社の最盛期の1925年時点で，従業員は巣鴨工場185名，永楽町販売部（車体製造を含む）50名，京橋区中橋営業所15名の計250名を数えていた。

　このように，白楊社のオートモ生産は華々しいスタートを切ったかのようにみえた。ただし，白楊社の経営実態は厳しいものであった。その最大の原因はオートモの生産開始と時を同じくして，前述したように，関東大震災後にフォードが横浜に日本フォードを設立し，ノックダウン方式による組立生産活動と全国規模での販売・金融活動を開始したからである。1923年のオートモ発売時の価格は3人乗り車種で1,780円であった。その価格は翌1924年に1,580円に，さらに25年には1,280円にまで値下げされた。3年間で500円の値下げは，1924年から出荷されるフォードへの対抗処置であった。「すなわち，1925〜6年頃フォードの5人乗り幌型の価格は1,475円であった」からである（呂［2011］）。この価格値下げについて，豊川はつぎのように語っている。

　「今回の値下げは，オートモが利益があるので値下げしたのではない。自分は経営の講義をするのではないが，製造業者が定価を引下ぐるのに
　（一）多数に売れて利益が上がるやうになって値下げするか
　（二）先ず値下げをして多数の購買者を得以て損失を補ふか
の二分岐点がある。自分は此第二の方法を取ったのである。自分の理想としてはオートモを一般大衆的の乗用たらしめたい。それには1,880円では高い。否1,280円でも又決して安価であるとは思はない。出来ることなら1,000円，800円に値下げしたい。若し自分の理想の如くなれば，一般人士の乗用として，国民活動の要具たり得ようと思はるる。

　我オートモは今回工場の消却費を計算しなければ1,580円で採算が出来やうかと思われる位迄進んで来た。1,280円に引下ぐると3,400円の損失が生ずる。併しこれは，値下げにより購買者のマージンが濃くなり，多数生産をなし得る事となり近いうちに損失が200円より，150円となり100円となり更に進んで，3回4回の値下げをする機会を早く作ることが出来やうと思

表2-6　白楊社の人々

氏　　　名	担　　当	略　歴　注　記
豊 川 順 弥	社　　　　長	
辻　　啓　信	製 造 総 括	蔵前，1912年入社，のちに陸王のハーレー国産化に従事
豊 川 二 郎	フ　リ　ー	順弥弟，蔵前，1920年歿
蒔 田 鉄 司	工場長（総括）	蔵前，1919年入社，のちにくろがね4輪起動車試作製造に従事
田 中 章 一	サービス関係	早大理工科出身（？）
菅 原 敏 雄	〃	
大 島 英 二	営業部長(販売，経理)	小樽高商
吉 村 弥太郎	営 業 部 次 長	高師英文科，中野正剛と義兄弟
佐 久 間 和 夫	中 橋 営 業 所機 械 部 長	
石 井 寿 郎	技　　　　術	府立工芸，のちにナショナル金銭登録機の技術者となり斯界の権威者となる
池 永　　羆	自 動 車 部 長	蔵前，1922年入社，のちにトヨタ自工重役
佐 々 木 昭 二	工作機械部長	蔵前，1923～24年入社
宮 崎 八 郎	販 売 関 係	農大，農耕機界史上の人物となる
下　　房　二	〃	宮崎の後任として入社，同様斯界農業機械化の人物となる
中 村 賢 一	自 動 車 部	1923～24年頃入社，池永部長の下に属し，後年くろがねに関係，帝国自動車工業㈱社長となる
渡 辺 隆之助	検　　　　査	1923～24年頃入社，のちに鐘淵ディーゼル㈱で，ブルドーザー製造に関係，のち日野重工業㈱へ
大 野 修 司	資　　　　材	明大，1925年入社，のちにトヨタ自工副社長
村 上 隆太郎	サービス関係	菅原敏雄の下に属し，のちに新日国社長となる
堀 口　　忠		のちに日本精工役員

（注）本表は白楊社人事記録より，豊川順弥の摘出された人々で，注記も主として豊川談による。
（出所）自動車工業会編［1967］より作成。

ふ，私は今日之により利益を得やうとは決して考へて居らぬ。従って第2，第3回の値下げの期の早く来る事を待っている」（国立博物館編［2000］147頁）。

豊川順弥はフォード社に対抗してオートモの多量生産による需要拡大を図るために，大幅な赤字覚悟で価格の引下げを決断したのである。豊川によれば，

工場設備等の消却費を含めればオートモ1台当たりの原価は約 2,500 円であったから,「父の遺産を一台につき 1 千円ずつの補助金にしたわけである」といっている（刀祢館 [1986]）。

しかし,豊川のそうした懸命な努力も日本フォード,日本 GM の量産量販体制に対しては無力であった。日本フォードは 1927 年のフォード T 型から同 A 型への移行に際して,償却済のフォード T 型の価格の大幅引下げを行い,さらにそれに追い討をかけるように 28 年から日本 GM も生産・販売活動を開始したからである。その結果,1927 年 9 月,豊川は「赤字経営の継続はゆきつくところ周囲に甚大な迷惑かける」と決意して（自動車工業振興会編 [1975]），「貧弱な当時の国産車の中で」,5 年間で 303 台という「画期的な量産」を記録し,黎明期の日本自動車産業史に多くのエピソードを残した白楊社を閉鎖した。この時点で豊川が父親から譲られた遺産は「やっと 5 万円残っていただけであった」（呂 [2011]，刀祢館 [1986]）[6]。

■ おわりに

橋本増治郎と豊川順弥はいわゆる発明者企業家や自動車好事家ではなく,一流の工業教育を受け,アメリカの工業技術を体験・熟知した技術者企業家であった。両者は 20 世紀の自動車が機械工業分野の中核になると確信し,その国産化活動に挑戦したのである。橋本は自動車工業が総合機械組立産業であることを認識していた。しかし,橋本がアメリカのマキントシュー社で実地研修を行っていた当時,ヘンリー・フォードは 1903 年にルージュ河畔にピケット工場を設立したが,「まだ流れ作業による生産方式は採用されておらず,手作業が重要な役割を果していた」（奥村 [1960]）。そして,そうした生産形態は 1911 年に快進社が設立された時点でもほぼ継続されていた。それゆえ,橋本は日本でも輸入車の修理業務を通して設計・組立業務の経験を積めば,国産自動車の製作は可能であると考え,大倉喜七郎らの反対にもかかわらず,快進社を設立したのである。

豊川がアメリカで自動車生産を見学した 1915～16 年当時,すでにコンベア生産方式は実施されていたが,自動車国産化の可能性の認識については,橋本

とさほど異なっていなかったと思われる。ただし，日本はアメリカに比べて自動車生産に必要不可欠な工作機械，素材加工，部品製造業の発展が大幅に遅れており，快進社も白楊社も主要機械部品や素材・部品を輸入するか，内製化しなければならなかった。そして，両社とも橋本と豊川の経営方針と資金的制約もあって，可能な限り国産機械・素材・部品を使用し，あるいはその内製化を図った。それゆえ，両社が製作した自動車は性能面よりも価格面で外国車，とくに橋本，豊川らの予想を越えて大量生産方式を早期に確立したアメリカ車に対抗できなかった（呂［2011］）。

その傾向は関東大震災後の自動車市場の拡大のなかでフォード，GM が日本に組立会社を設立してノックダウン生産を開始し，全国的な量販方式を実施すると一層顕著となり，快進社は生き残るために実用自動車製造と合併して軍用保護自動車の生産に集中し，白楊社は閉鎖の道を選ばざるを得なかった。

フォード，GM が日本市場進出を果たした 1920 年代後半以降，日本の自動車工業は新たな段階に入っていた。日本自動車工業を確立するためには少なくとも日本フォード，日本 GM に匹敵する経営体を構築し，量産量販体制を整備する必要があったからである。そのためには巨額の資金調達が不可欠であり，もはや橋本個人と支援者の出資金や豊川の父親の遺産ではとうてい賄い切れなかった。両者は自らの自動車工業確立に賭けた時代が終わったことを悟り，次世代の自動車製造業者にバトンタッチするため潔く引退した。そして，彼らが自動車工業の国産化のために播いた種子は，快進社のダット号が小型車の代名詞となった日産自動車のダットサンに引き継がれ，白楊社からは多くの有能な自動車関係者が輩出したように，その後の日本自動車工業の発展中で開花していったのである。

〈注〉

1）東京工業学校は 1881 年に東京・蔵前に設立された東京職工学校を前身とする。同校は 1890 年に東京工業学校，1901 年に東京工業高等学校と改称したが，その所在地から長らく「蔵前工業学校」と呼ばれた。1923 年に東京工業大学に昇格し，翌 23 年に東京・大岡山に移転した。

2）吉田茂は 1878 年に旧土佐藩士で自由民権活動家でもあった竹内綱の五男として生まれ，

81年に横浜の貿易商吉田健三の養子となった。養父の他界後，吉田は11歳で家督を継ぎ，莫大な遺産を相続した。

3）大倉喜七郎は1882年に大倉財閥創始者大倉喜八郎の長男として生まれ，父の退界後，男爵を継承し，大倉財閥の2代目総帥となった。1900年に慶應義塾からイギリス・ケンブリッジ大学に留学し，自動車の操縦と修理技術を習得すると，ヨーロッパ各地の自動車レースにドライバーとして出場した。1907年に帰国し，日本最初の自動車専門輸入商社・日本自動車を設立した。喜七郎は自動車通として知られ，オーナードライバー団体「日本自動車倶楽部」を設立するなど，日本における自動車普及に尽力した。

4）橋本は工場従業員の意識向上を高めるため，当時一般に使用させていた「職工・小僧」という名称を用いず，彼らを「工場員」と呼び，夫人が縫製した「作業服」を着用させた（下風［2010］）。

5）日本フォードは資本金を1928年に800万円，34年に1,200万円，36年に1,600万円に増資している。

6）このまま自動車事業を継続すれば，豊川家の全財産がなくなることを憂慮した各務幸一郎（三菱財閥重鎮・各務鎌吉の実兄で，豊川良平の三男良幸の養父）が順弥を説得して，自動車製作を断念させたといわれている。

〈参考文献〉

奥村正二［1960］「自動車工業の発展段階と構造」有沢広巳編集『現代日本産業構造Ⅴ 各論Ⅳ 機械工業Ⅰ』岩波書店。
片山豊監修，下風憲治著［2010］『ダットサンの忘れえぬ七人』三樹書房。
株式会社クボタ編・刊［1990］『クボタ100年史』。
国立科学博物館編・刊［2000］『20世紀の国産車』。
小林彰太郎編［1995］『写真でみる昭和のダットサン』二玄社。
自動車工業会編・刊［1967］『日本自動車工業史編（2）』。
自動車工業振興会編・刊［1975］『自動車史料シリーズ（2）日本自動車工業史口述記録集』。
刀祢館正久［1986］『自動車に生きた男たち』新潮社。
豊川順弥［1959］「よき時代のよき自動車」『モーターマガジン』1959年1月〜5月号。
日産自動車株式会社編・刊［1965］『日産自動車三十年史』。
橋本増治郎顕彰会編・刊［1957］『橋本増治郎傳』。
三菱重工業株式会社編・刊［1956］『三菱重工業株式会社史』。
呂寅満［2011］『日本自動車工業史』東京大学出版会。

第2部

自動車産業の創生と企業活動

第3章

大型車,エンジン,ディーゼル技術の胎動
―星子勇―

本山　聡毅

■ はじめに

　星子勇は自動車工業の創生期から活躍し,戦時中に亡くなった。彼の遺訓はいまも日野自動車で受け継がれている。星子はトヨタ自動車の創業者である豊田喜一郎や,日産自動車の創業者である鮎川義介と比べて,語られることの少ない技術者,そしてマネージャーである。豊田や鮎川は東京帝国大学工学部の出身だが星子勇は熊本高等工業学校の卒業である。いわば地方の高等工業学校出身者が,日本の自動車工業の発展に深く関わった事例なのである。星子は東京瓦斯電気工業で自動車の開発に関わったが,この会社は時代のなかで解体さ

星子 勇
（出所）日野自動車蔵。

れ，自動車部門は今日のいすゞや日野へつながっていく。

　以下の諸点について述べていきたい。まず星子勇のキャリア形成と戦前の自動車工業について概観する。次に自動車と陸軍，そしてディーゼルエンジンについて検討する。そしてエンジニアとしての星子の姿や，彼が持っていた飛行機への視点を紹介し，最後に戦後への継承という視点で，現場を重視した自動車エンジニアである星子について述べておこう。

1 星子勇のキャリア形成と戦前の自動車工業

（1）　地方の高等工業学校出身者が自動車工業発展に

　星子は 1884（明治 17）年に，熊本県の鹿本町で生まれた。現在は山鹿市鹿本町となっている。明治期における熊本県出身の総理大臣，清浦奎吾もこの町の出身である。星子は地主の家に生まれ，兄と姉と仲のよい兄弟だったが，彼の父は早くに亡くなった。そのため勇の兄，つまり長男の進が，わずか 7 歳で幼少の戸主となった。長男の進は「自分は戸主で，いろいろと自由に動けない面がある。だから弟や子供たちには，自分の代わりに，好きなだけ勉学を積ませたい」といつもいっていた。星子勇はこうした家庭環境のもと，熊本高等工業に進学する。いまは熊本大学工学部となっているが，その機械実験工場は研究資料館として重要文化財になっている。赤レンガの風格ある建物は，当時の人々の誇りをも語り伝えているようだ。この学校で多くのエンジニアが育まれた。星子が学校に進んだ 1903 年当時は，まだ熊本の第五高等学校工学部だったが，1906 年に熊本高等工業学校へと分かれて独立した。星子の入学から卒業までの期間は，日露戦争を挟む時期であった。

　学卒後の星子は住友鋳銅所に入社するが，兵隊として入営のため退社，除隊後は大倉商事に入り，程なく系列で名門の日本自動車に入社した。ここで 1913（大正 2）年に農商務省海外実業練習生に選抜され，自動車や航空発動機の研究のため留学したのである。留学先はまずはイギリスのコベントリーであった。日野自動車の資料によれば，デムラー，つまりデイムラー（ダイムラー）の工場だったと考えられる。日本語ではデウラと記されることもあったため，片仮名ではいくつかの表記がみられる。ただデムラー工場は 6 カ月以上

第3章　大型車，エンジン，ディーゼル技術の胎動

の滞在を認めておらず，星子はアメリカ合衆国のデトロイトに移り，ハドソン工場ほかで研修を重ねた。ハドソン社というのは，ビッグ3に続くアメリカの中堅4社の1つで，のちにナッシュ社と合同してアメリカン・モータース社になる。

　留学から帰ると，東京瓦斯電気工業が自動車製造に乗り出すことを考えていたため，社長の松方五郎に請われて入社した。瓦斯電は当初，山羽虎夫を招こうとしたが山羽が受けなかったため，「自動車の実際的技術の第一人者」とされた星子を招いて，自動車部長にしたのであった。1918年には軍用自動車補助法が公布され，陸軍の意図を込めた自動車政策が打ち出される。その翌年には主任技術者星子のもとで，T・G・E型トラックが，最初の保護自動車資格検定書を受けた。T・G・Eの名は，東京瓦斯電気の略称で綴られたものである。保護自動車の検定に合格したことで，瓦斯電のトラックは国策的な保護を受けることができ，自動車製造に補助金が出ることになった。自動車生産の先駆的企業の第一歩であった。主任技術者星子のもとで製作されたこのトラック

東京瓦斯電とT・G・Eトラック
（出所）日野自動車蔵。

の成功を，日野の社史はいまも語り伝えている（日野自動車工業編［1982］）。

(2) 大正から昭和へ，自動車業界の変遷

　日本の自動車業界にとって，大正という時代は産業の構造が変化しだす時期でもあった。明治期には自動車に興味を持った先駆者たちが，好事家的に手掛けることもあったが，大正期には自動車産業の構造も変化し，その製作にも企業としての組織的な取り組みが，求められるようになっていたといえよう。資金や人員や技術等を目的に向けて適切に配分し，事業運営として各会社が取り組むようになっていったわけである。そうしたなかで星子は技術のまとめ役としての役割を果たしたわけであり，まだ日本自動車にいた時期，1914（大正3）～1915年頃の星子を，同社の社員として勤務していた配川政雄はこう語る。「自動車技術に興味を抱いた私は星子勇技師の技倆に心酔していた」と。また，そののち星子が瓦斯電の招きに応じたことで，瓦斯電の自動車産業進出への「局面は打開された」とも述べられている。こうした記述からも，彼がどのような存在であったかがわかる（自動車工業会編［1967］）。

　さらに昭和に入ると，国産自動車の自立のため商工省の諮問委員会の答申により，自動車工業確立調査委員会が設けられ，星子はその小委員会に属した。また1936（昭和11）年には自動車製造事業法が公布され，国内の自動車工業が許可制となった。瓦斯電自動車部はのちに，東京自動車工業（ヂーゼル自動車工業）となるが，この会社もトヨタや日産に次いで許可会社となっていく。こうした経緯をめぐり，星子との関わりを述べれば次のようになる。日本の自動車製造企業の連携や再編のなかで，1937年に東京自動車工業が設立され，星子は松方五郎社長とともにここに転属した。東京自動車工業は1941年にヂーゼル自動車工業と名を変え，ここから日野重工業が枝分かれしていくことになる。日野が設立されたのは1942年で，戦時中であった。そうした激動の時代のなか，1944年1月に星子は死去した。日野自動車工業編［1982］では「激務による疲労がその極みに達し，昭和19年1月20日卒然と他界した。本格的国産車の草分けといわれた"異才"の死は，多くの自動車技術者を悲しませた」と語られている。彼がどういう人物であったかを，さらに詳しくみていこう。

第3章　大型車，エンジン，ディーゼル技術の胎動　73

(3)　星子勇の著書や論文

　星子はまずは自動車という新しい製品技術の紹介者として登場する。彼は『ガソリン発動機自動車』［1915］を極東書院から出すが，これは自動車の取り扱いや構造を記した著作であった。留学中に職工としての現場の実体験を積んだ星子の本は，自動車の使用や構造をわかりやすく解説した手引書であり，当時の日本では自動車に関するバイブルとされた。星子は要点をどこにおいて書くべきかを考え，日本の現状からみて自動車の「使用の説明を要求するを知り，之れを中心として」著したのである。また星子は留学の経験で，「自動車工業は日本の産業発展，工業化に大きな効果をもたらす」と知っていたため，「自動車工業助成策に就て」［1930］という講演録を残している。戦時体制期に入ると「国防力と自動車工業」［1940］という論文を書き，「自動車工業は航空戦力を整える基盤にもなるし，戦後の発展にも役立つものだ」と述べている。ドイツの再軍備には自動車工業が高く寄与したが，星子にもそうした認識があった。そして小型乗用車の方が，大型車よりも日本の国情に沿い，また東洋方面への輸出にも適合しやすいことを述べている。

　さらにマネージャーとして星子は，『機械工場作業計画』［1941］で製造管理に関する基本的な事項を解説してもいる。彼はいわば自動車という製品技術の紹介者から，経営管理面においても手腕を揮ったわけだ。星子のこの著作は，工場経営における科学的管理をもとに述べられている。戦前・戦中の生産管理や科学的管理の発達に関する，さまざまな先行研究で明らかにされたところでは，日本における科学的管理の導入には軍需生産との関わりがあった。よく知られているとおり，呉海軍工廠での導入過程は貴重な実例をなした。民間企業でも科学的管理や原価管理の導入についてさまざまな取り組みがなされ，星子がいた東京瓦斯電気工業でも，導入過程において試行錯誤が繰り返されたのであった。

　そして科学的管理は「技術者の会計」として，管理会計につながっていったという経緯を持つが，管理会計は予算統制と標準原価概念を軸にしている。労務費も含めた原価計算の実践のなかで，技術者たちは従来から存在した「会計士の会計」を批判し，また伝統的会計の側も技術者たちの成果を吸収していくことで，会計士たちは「技術者の会計」を自らに取り込み，統合していった。

管理会計はいわば製造現場での原価低減や能率向上に深い関わりを持ち，財務管理の面からは予算，労務管理の面からは標準原価に結びつくわけだが，こうした側面は生産現場の能率管理の重要性を知る技術者によって萌芽がもたらされた。ただ日本の実情においては，戦時体制期には特有の難しさがあった。理化学研究所の所長として有名な大河内正敏は，「国防生産と利潤生産」[1942] という論文で，つぎのようなことを語っている。大河内は戦時国家に必要な物の大量生産を国防生産と呼び，利潤を目指すための大量生産に対する言葉としている。要点はつぎのようになる。戦時においては，国家に必要な物的生産に企業も傾注するべきで，利潤を目的とした生産活動であってはならないという。彼はこの論文で「国の興廃が生産戦にかかつてゐる以上，利潤は第2，第3」とする。当時の時代状況はそのようなものであり，技術者そしてマネージャーとしての星子も，企業経営の実践の場でさまざまな問題に取り組まねばならなかった。

　戦時体制の日本では，生産管理の問題はきわめて現実的な課題として軍部も考えてはいた。このため1939年10月に，軍需品工場事業場検査令が公布された。これは国家総動員法にもとづいたもので，軍需品調達のための適正な原価計算の制度を法的に築いたのである。要するに戦時体制のなかでは軍需生産面からも原価計算が求められ，政策的に標準原価計算や予算統制などが1941年中に一度に作成・発表をみた。しかしその効果はのちに戦局の悪化という要因もあり，必ずしも期待したようには機能しなかったと，今日では結論されている（青木編［1976］）。戦時中の生産現場では海外からの輸送路が遮断されたことにより，良質な原材料が不足していき，代用品で補おうにも品質は満足なものではなかった。また緻密な原価管理をしようとしても原価計算要員が足りず，さらに公定価格はあっても実際の取引の場ではそれと乖離した価格が横行していた。緻密な原価計算をしようにも，その基盤は崩れていた。

　こうした時代背景での著作だが，まとめると星子の『機械工場作業計画』は，古典的経営理論の範疇としてみることができよう。アメリカ合衆国での実務研修も受けた星子にしてみれば当然のことだが，この著作にはテイラー（F. W. Taylor, 1856～1915）的能率管理の思考が強くみられる。そして製造業の運営管理全体を見渡してもいる。戦時体制下の日本においてすでに「現場に精

通した実務的思考」と,「生産管理・原価管理のための精緻な理論」が,星子勇という技術者兼マネージャーによって融合され,1冊のまとまった工場経営の手引書として出版されていたのである。

(4) 日野自動車への系譜,そして戦前の自動車製造企業

　高い技術で有名だったユニークな会社東京瓦斯電は,ガスや電気の専門品のほか,軍需品の生産から自動車,航空発動機まで幅広く手掛けていた。日本の自動車の黎明期に,星子は自動車の専門技術者兼管理者として入社したのである。瓦斯電は技術のデパートといわれていたくらいなので,自動車に目をつけたのも当然といえよう。技術重視のこの会社のことは,大田区立郷土博物館が刊行した『工場(こうば)まちの探検ガイド』[1994]という本でも紹介されている。また同書は「自動車工業ができるのも,大田区はとても早かったのです。すでに大正6年には,工場が出現していました」と語っている。そして日野自動車は,東京瓦斯電を源流とする企業だと自らを位置づけている。技術のデパート瓦斯電は,それぞれの部門が分離され,トキコや日立工機,日立精

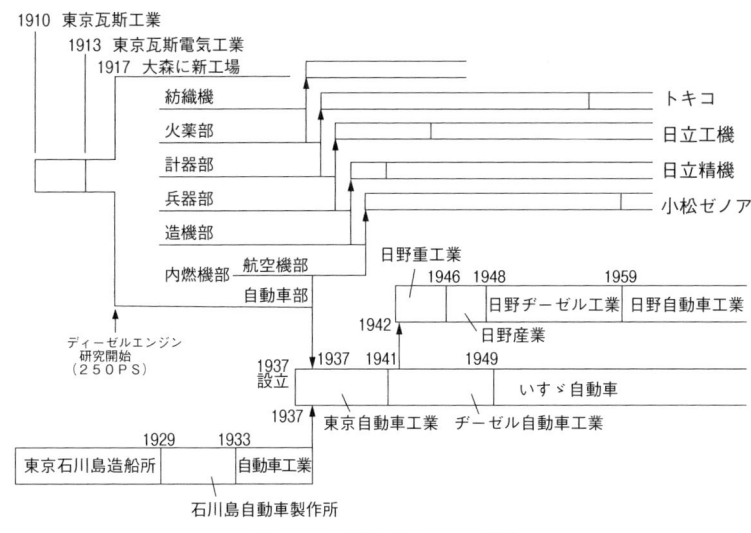

図3-1　日野自動車への系譜
(出所)鈴木[2003]。

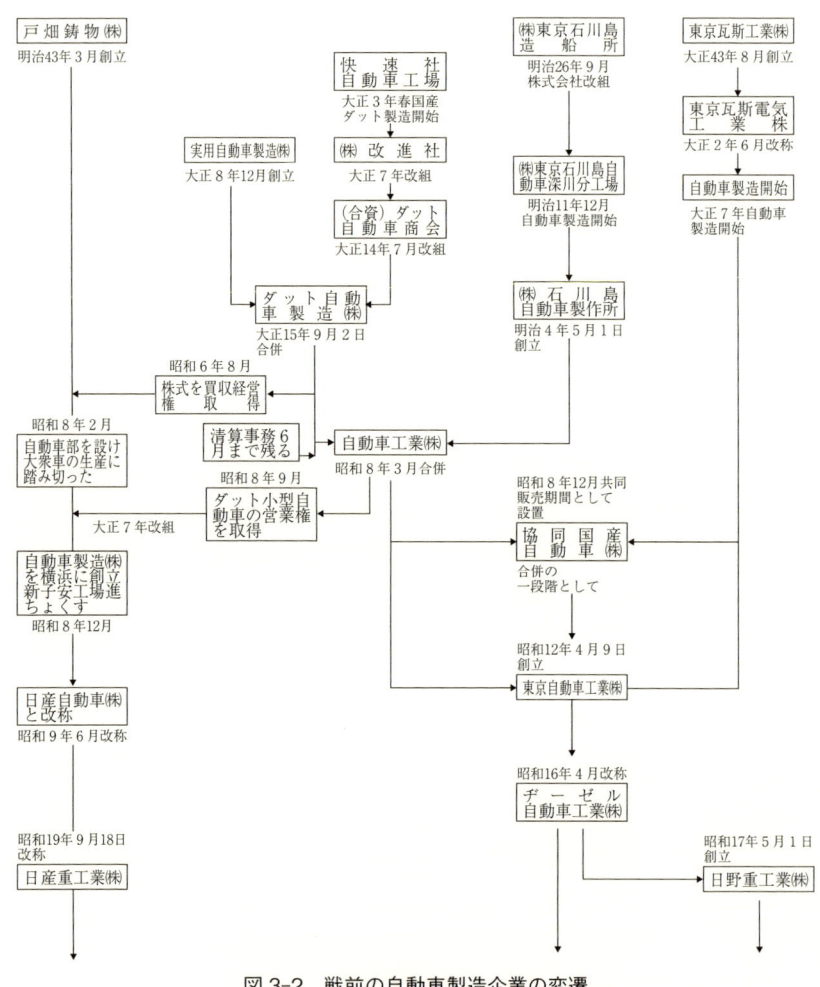

図 3-2 戦前の自動車製造企業の変遷
（出所）自動車工業会編［1969］。

機，あるいは小松ゼノアといった企業になっていく。

　もちろん戦前の自動車工業各社には，いろいろな動きがあった。自動車工業会編［1969］では，とくに日産を中心に連携や変遷がつづられているが，戸畑鋳物から発達した日産は，ダット自動車製造も吸収しながら大衆車製造へと乗り出していく。東京瓦斯電は自動車部が自動車工業という会社と連携し，協同

第3章 大型車，エンジン，ディーゼル技術の胎動　77

国産自動車を経て東京自動車工業，そしてヂーゼル自動車工業となった。ヂーゼル自動車は戦後にはいすゞ自動車になる。一方で戦時中にヂーゼル自工から陸軍の特殊工場として独立したのが，日野重工業であった。

2 自動車と陸軍，ディーゼルエンジン

(1) 陸軍の宇垣軍縮と自動車

　先にも触れたが，軍用自動車補助法でもわかるとおり，日本の自動車産業の成立過程には陸軍との関連性があった。日露戦争や第一次世界大戦の教訓から，多量に消費される弾薬の運搬に自動車輸送が注目されたのである。明らかになったことは戦時における膨大な弾薬の消費であり，前線への補給には自動車が大きな利点を持っているという事実であった。兵員の輸送でも自動車の軍事上の価値が示された。例えば第一次世界大戦のマルヌの会戦において，フランスのタクシー集団は兵士を前線に急速輸送し，鉄道軌道に依らなくてすむ高速移動手段の重要性を示した。陸軍における自動車の価値は，兵站でもわかるように後方支援部門で欠かせないものなのである。日本陸軍でも先見性のある軍人はいた。砲兵が専攻の原乙未生（のちに中将）は軍の機械化を唱道したことで有名だが，彼は機械化装備の有利さをよく認識していた。そして陸軍大型車のディーゼル化に，星子勇が大きな役割を果たしたことも，原は戦後に回想している。

　日本陸軍が機械化軍備に目を向けたのは軍縮がきっかけであった。第一次世界大戦後には厭戦的な世相もあって世界各国で軍縮が行われるが，日本陸軍では宇垣一成による大正末期の軍縮が有名である。陸軍大臣宇垣は 1925（大正 14）年に 4 個師団を削減したが，それは兵力規模を縮小して財源を捻り出し，陸軍の機械化や火力の増大を狙ったものである。しかし結果は不徹底であったと今日では結論づけられている。人減らしに遭う職業軍人たちから組織的な抵抗を受けたのが原因であった。ただ宇垣による軍縮の結果，陸軍の機械化が構想されたことは，のちに日本のディーゼルエンジンの開発につながっていくことになる。原乙未生が語っていることだが，石油資源の乏しい日本において比重の重い油を使えるディーゼルは，液体燃料の精製歩留まりや保管のために有

利であり，機械化軍戦備には欠かせないものだった。ここに陸軍がディーゼルエンジンに着目した理由がある。

　日本を戦時体制に引きずり込んだ点で陸軍の責任は重いと思われるが，その陸軍も実は軍戦備構想は一枚岩ではなかった。相反する考え方があったのである。一方は「平時から大規模戦力を持っておき，戦時になったら短期間で敵国を打ち破ろう」という構想を持っていた。工業力の貧弱な日本は長期戦に耐えられないという認識からの構想である。だが他方で「長期戦は想定せねばならないし，そのためには国内の工業基盤を整備して，長期的で大量の軍需動員に備えるべきだ」という考えを持つ軍人たちもいた。後者の考えに従えば，平時には戦時の骨格をなす程度の軍備に留め，軍の近代化を図り機動力や火力の充実を目指すことになる。こうした構想の相違から星子勇の思考をみてみると，彼は自動車の製造や活用による日本の工業化を考えていたので，もし分類するとすれば機械化軍備の構想側に，相通じるものがあったといえよう。

(2) 星子の工業立国構想

　20世紀の陸戦では航空兵力との連携も，地上の機動作戦との間では必要になる。そして航空作戦の支援，つまり飛行場の整備の他，燃料や部品の搬送，地上人員の迅速な移動のためにも自動車は不可欠であった。航空作戦のためにも自動車が必要という原則は，日本陸軍でも1915（大正4）年にすでに語られていた（防衛庁防衛研修所戦史室編 [1975]）。こうした時代的背景は星子の思考にものちに影響を与えてくるわけだが，彼は1940（昭和15）年に「国防力と自動車工業」[1940] という論文を綴っている。この当時彼は東京自動車工業の取締役であった。ここで述べているのは次の4点である。①国民経済における自動車工業の役割，②日本における技術者育成の必要性，③自動車工業が航空機工業の基盤を形成すること，④陸軍軍備との関連である。

　星子は農商務省の海外実業練習生としての留学以来，一貫して自動車工業や航空発動機に関わり続けた。星子は自動車工業と航空機製作との関連性を理論的に説くばかりでなく，経営の実践においても手掛けたのである。自動車工業が航空機製造の基盤を提供するという彼の論旨は一貫していた。そして政策的にみれば自動車工業を基盤とした航空機産業の育成は，自動車製造事業法の意

図するところでもあった（自動車工業振興会［1979］）。こうした視点からすると、星子の役割は戦時体制期においても小さなものではなかったといえよう。

　星子の「国防力と自動車工業」の内容は大きく分けると、「機械化と乗用自動車工業」、そして「乗用車と軍需工場」の２つから成り立っている。まず「機械化と乗用自動車工業」では、「戦争に勝つには相手国の自動車工業に勝るとも劣らない自動車工業力が必要である」と論述している。彼は「平時多量に乗用車を製造する能力があれば、これ等の乗用車工場を戦時に於ては貨車の製造に、戦車等の特殊車輛製造にまた航空発動機製造に転化せしめることが出来る」と語る。自動車は総合工業であるとする星子は、「機械化された今日の軍備に必要欠く可からざる」ためのポテンシャル・エネルギーとして、乗用自動車製造工業を位置づけていた。また「車体工場の如きは直に飛行機製造に利用することを得る」と説く。実際に自動車工業が飛行機生産にも役立つことを、日立航空機（旧瓦斯電航空機部）は戦時期に示した。いまは忘れられているその記憶を、戦後の日野自動車で副社長を務めたエンジニアの鈴木孝氏は、「飛行機を量産したトラック会社と星子勇」［2006］として紹介している。

　さらに星子は、「将来事変後に於ては従来の如く乗用車を成るべく使用せしめないやうな色々の取締制限を止め」る提言のほか、日本の国情に合った小型乗用自動車の必要性を述べてもいる。ここで着目されるのは小型乗用車であり、それは燃費の点から、「米国の大型車を使用するに比較すれば」国情に沿うものだと星子は語る。そして日本の国情に適合し東洋方面にも輸出できるような、軽乗用自動車の製造工場を発展させることの大切さを、国防上と経済上の緊要として語っている。戦後の日本の自動車工業の発展を、まるで見通したかのような意見である。

　次に「乗用車と軍需工場」の部分で、彼は「若し独逸の国民自動車製造工場の如きものがあれば、直に戦車等の製造に転業せしめ開戦と同時に製造に着手し得る」としている。確かにドイツは巧妙であった。ヴェルサイユ条約による制約を受けていても、例えばキャタピラー付きの車輛を生産する工場は、平時にはトラクター等を製造していれば、戦時には戦車の車体を生産することが可能だ。この「自動車工業は戦時の軍需生産用に転換できる」という指摘を、鈴木氏は「シャドーファクトリー（非常時の軍需転換工場）への信念」として

語っている。平和時の工業力は単に民生用にのみ存在するわけではない。戦時になれば膨大な物的戦力を生み出す基盤でもあり，戦間期のドイツが軍備を制限されたなかでの抜け目ない対応は，よく知られている（西牟田 [1999]）。

星子の論文の説明を続ける。彼は技術者の不足という日本の問題にも触れ，「現に軍需工場の最も困つて居るのは技術者の不足で，技術者は急速に養成することは困難で，戦争になつて補充するには平常より乗用自動車等の製造に従事せしめて置かねば，機械のみ揃つても能率は挙がらない」と鋭く指摘している。製造に関する専門的な知識や技能を持った技術者がいなければ，工具の頭数だけそろっても生産上の無駄を頻出させるばかりである。実務に精通した技術者が，生産の基礎を支えている。

そして最後に，現在の国際情勢においては，国防上必要な軍用車輌を充分に補充できるだけの拡充をすると同時に，「戦後には平和産業に活用するの途を予め考慮して，設備その他に就き適当なる指導を興ふべきである」という自動車政策を述べる。このように戦時期の論文でありながら，平和時への視点も保たれていたのである。

(3) ディーゼル技術の推進

自動車と陸軍との密接な関係から，1918（大正7）年に軍用自動車補助法が制定施行されたが，これは「平時は民間で自動車を活用し，戦時には軍が徴発利用」できることを目指した，政策的な誘導であった。そして1936（昭和11）年には自動車製造事業法が公布され，少数の許可会社に自動車生産を集中し，規模の経済性を活かした国内の自動車工業の確立が図られていく。当初の目論見では自動車製造事業法は，市場経済を前提としていた。その許可会社はまずはトヨタ，そして日産であった。1939年頃でも日本国内の自動車生産台数は，3万4,000～5,000台程度の時代である。市場の需要量からみて2社が許可会社とされた。その後，第3の許可会社として東京自動車工業，のちのヂーゼル自動車工業が許可を受け，この会社は戦後にいすゞ自動車となる。

当時は次第に戦時統制経済が強まっていた。東京自動車工業が許可会社になったのは1941年で，ディーゼル・トラックの専門メーカーとしてであった。大衆乗用車の企業であるトヨタや日産とは，業界内での位置づけが違う。東京

自動車工業（のちのヂーゼル自動車工業）は，相対的に狭くて深い自分の専門分野で，分化発達していくことができたといえよう。こうした流れのなかでヂーゼル自工から陸軍の特殊工場，日野製作所が分離し日野重工業の独立へとつながっていく。

　ディーゼルエンジンについてだが，その研究は日本でも早くから行われていた。星子が東京瓦斯電に入社した1917年には，ドイツから250馬力のディーゼルエンジンを輸入し，研究に着手していったのである。そして星子は「大衆が日常的に自動車を利用できる社会」を夢みていた。私は鈴木孝氏から，「叶えられるならディーゼル自動車（大衆車）を開発しようとした意思は，（星子には）当然あったものと思われる」と教えてもらった（2008年11月22日付け，筆者宛の手紙）。

　先にも述べたが，陸軍もディーゼルの技術を必要としていた。のちに陸軍の第4技術研究所長にもなった元中将の原乙未生は，陸軍で「大きな重砲を牽くのには，13トン牽引というのがありました。東京瓦斯電気の設計で，甲型はガソリンエンジン付きでありました。これをディーゼル化するために，星子勇さんが陣頭に立って開発されました。これも始めての仕事でしたが，実に立派なものができあがりました」と回想している（自動車工業振興会［1973］）。そして多様な企業群のディーゼル技術は，いすゞの予燃焼室式に統一化されて行き，陸軍により100式統制発動機へ集約された。山岡［1988］はこの成果を，戦後へ続く遺産と評価している。概括して，日本におけるディーゼル開発において星子は技術者として，また技術者たちの取りまとめ役として重要な位置にいた。さらに日野重工業の創業にあたっては，社長の大久保正二とともに会社の柱とされ，技術の面から企業を支えたといえよう。

3 エンジニアとして，さらに飛行機への視点

(1) 技術発展への情熱

　星子はこのように，技術を中心とした企業のマネジメントに有能な人物だった。そして東京瓦斯電は第一次世界大戦の戦争景気で業績を上げるが，その後は低迷期に入り，1920（大正9）年に東京や大阪での株式市場暴落後は苦境が

続く。瓦斯電も他の会社同様，配当が出せなくなった。株価市況暴落後の金融恐慌も1928（昭和3）年には終わりへの兆しをみせるが，翌1929年には，さらに世界恐慌が発生したのである。これは大きな打撃であった。日野自動車工業編［1982］によれば，瓦斯電でも「若い技術者たちが動揺，櫛の歯の欠けるように去っていった」と伝えられている。こうしたなかにあっても，星子を中心とした技術陣は「自動車，兵器，そして航空機」に取り組み，瓦斯電はその後，軍需で経営危機を乗り切っていく。時代は戦争への流れに向かっていた。瓦斯電は陸軍の特殊自動車も手掛けていたため，1931年に柳条湖事件をきっかけに満州事変が起こると，軍からの注文が増え始めた。瓦斯電はその後東京自動車工業になるが，やはり陸軍からの注文に支えられたのである。陸軍が日中戦争を引き起こしていく時代での企業経営であった。

実は星子自身にとっても，この頃は深い悩みの時期であったと思われる。1932年に起こった血盟団事件に，星子の甥が関わっていたのである。星子の兄，進の子供の毅は当時京都帝国大学に在学中だったが，事件に関わったことで，その後熊本市大江の刑務所に入ることになった。星子は気を遣い，兄の進にも手紙で「直接関与したわけではないから，罪は軽くみられるのではないかという説もある」とか，「弁護士と打ち合わせ」といったことを書き残している。1932年から1936年にかけて星子が書いた手紙は，現在も親族のもとに所蔵されているが，私がみせてもらえた12通のうち9通に，甥の毅に関する記述が綴られていた。親族の思い出話でも，「勇さんは思い遣りがあって，はっきりした人だった」と語られている。星子の人柄が窺える話であり，彼の周囲の技術者たちにも人的な影響を与え，星子の技量への心酔者がいたり，また有能な後進が育成されたりした背景を物語っていよう。

エンジニアとしての星子は航空技術にも関心を示し，それは発動機に深く関わるものであった。例えば1938年の航研機の周回航続距離世界記録にも，星子は関与している。航研機と呼ばれるその飛行機は，もともとは東京帝国大学の航空研究所で計画された研究飛行機であり，企業の利益にもつながらない研究機の製作など，どの企業も引き受けようとはしなかった。しかし星子は松方五郎社長を説得したのである。後年に鈴木孝氏は語っている。「エンジン技術を磨くには飛行機。現場も意欲満々であり，やらせたい」と，エンジニアとし

ての情熱で星子が強く語った(日経産業新聞編［1999］)。こうして実現された航研機の記録だが、時代的には飛行機技術の通過点の1つに過ぎなかったため、翌年にはイタリアの飛行機サヴォアに更新された。そして高い技術で名を馳せた瓦斯電も、その後は徐々に解体され日産コンツェルンへと吸収されたのである。

当時はすでに戦時体制であり、さまざまな企業や工場が軍の管理下におかれていった。1941年12月からは太平洋戦争が始まり、企業経営の自由度は国家の統制のもとに次々と奪われていったのである。そうした時代に、日野重工業がヂーゼル自動車工業から分かれて独立した。1942年5月のことだが、それは陸軍の特殊工場としてであった。日野自動車工業編［1982］はつぎのようにいう。「星子勇と大久保正二は、太い二本の支柱であった」し、「星子勇は、東京瓦斯電気工業自動車部の創設者であり、日本自動車産業の先駆者の一人であった」と。そして「星子はいわば日野重工業の技術の本山として、専務取締役に就任したのである」と。星子が亡くなる2年前である。

(2) 自動車工業は航空機にも関連

1944(昭和19)年1月に星子は死去したが、彼は若い時期の留学経験からも、「自動車工業は航空機生産の基盤になる」ことを語っていた。実際に彼の留学時の写真には、自動車と飛行機が並んで写っているものがある。また大正期に日本でも「自動車と飛行機のスピード競争」が行われたこともあり、星子はとくに発動機の部面において、自動車と飛行機との連続性を認識していたと思われる。そうした記録は鈴木［2003］によると、星子は第二次世界大戦の勃発を早くから予測していたという。第二次世界大戦は第一次世界大戦の後始末の戦争といった面もあるが、いわば歴史を見通す目が星子にはあったといえよう。20世紀の戦争では飛行機が主役となった。日本は自動車工業という基盤なしに航空機の生産に乗り出すが、そこにはさまざまな無理があった。しかし先にみたように航研機の成功という大きな成果もあったわけであり、こうした先進技術への現場のチャレンジという経験や自信が、戦後の日野自動車にも受け継がれていった。

星子と飛行機とのつながりについて、発動機の技術移転を例に紹介しよう。

飛行機と自動車
（出所）日野自動車蔵。

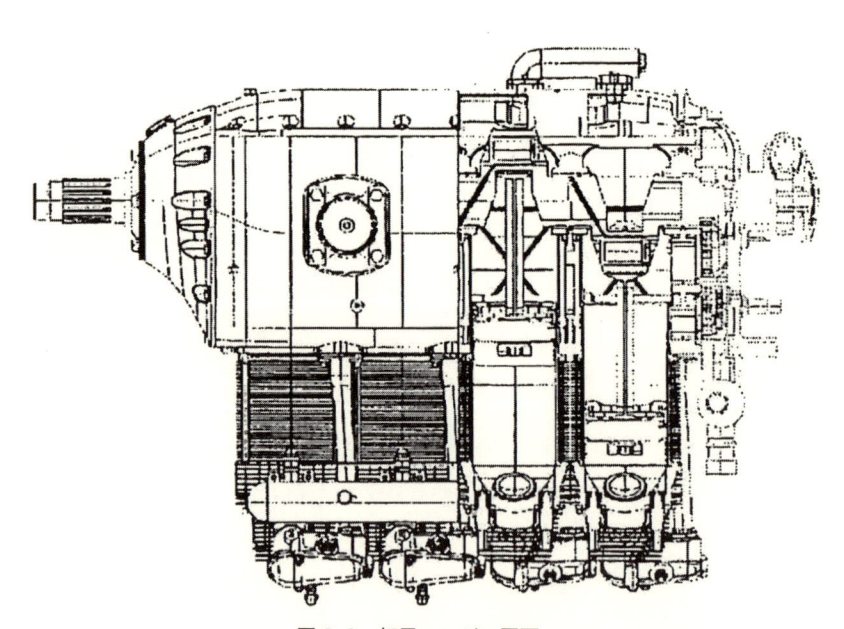

図3-3　初風エンジン図面
（出所）日本機械学会［2004］『日本機械学会誌』第107巻第1032号。

瓦斯電は1928年に，神風と名づけられた純国産で初の航空エンジンを完成させたが，さらに戦時期には練習機用の小型エンジン初風をも開発したのである。これはドイツのヒルトHM504型エンジンをもとにしつつ，当時の日本の実情に合わせて星子たちが「生産可能な構造に再設計」したものであった。鈴木孝氏たちの詳しい調査で明らかにされたところでは，初風は「原型とは似て非なる新設計の別エンジン」として製作された。「これは星子勇の采配によるもの」だと，鈴木氏は解き明かしている。戦時中の航空エンジンでは，中島飛行機の栄エンジン（零戦等に積まれた）や，誉エンジン（疾風戦闘機等に），あるいは三菱の金星エンジン（百式司令部偵察機等に）といったところがまずは有名だが，他のエンジンがあったことも忘れてはならない。

初風エンジンの技術移転はなぜ成功したのか。そこには受入側の冷静な自己認識があった。受入側が「自分に何ができて，何ができないのか」を，客観的に理解していることが成功への鍵となる。外国技術をそのまま引き移そうとしても，受入側の基盤にそぐわなければ無理なのだ。鈴木氏たちは初風エンジンについて，「外国技術を的確に評価出来ずオリジナルのまま，国産化を計り失敗した幾つかの事例と対比する時，この技術移転が如何に適切であったかがあらためて認識できる」と結論している（以上図面含めて，鈴木ほか［2004］）。こうした成果もまた，瓦斯電以来の自動車工業が基盤となっていたのである。

4 戦後への継承

(1) 星子の念願した大衆乗用車

星子は終戦をみずに亡くなった。敗戦時の姿を日野自動車工業編［1993］は序文に語る。「残されたものは軍用車両の中途半端な仕掛り品だけである。これを抱えての平和産業への転換は，敗戦の混乱の中，その困難は想像に難くない。再建を目指す会社に復帰したわずかの先人たちを支えたものは，星子が残したチャレンジ精神と伝統であった」と。戦後の日野は大型トレーラトラック，そしてトレーラバスを足掛かりに復興への道をたどり始めるが，賠償工場に指定された日野の再建は簡単なものではなかった。陸軍の秘密工場としてスタートした日野が，賠償工場の指定からやっと解除されたのは，1948（昭和

23) 年の1月になってからであった。

　企業運営の現実に華やかな幻想をみてはならない。日野の再建においても，人々の実際の活動や意思決定が経営を動かしたのである。そして星子の理念は，戦後も日野で受け継がれていった。彼は「乗用車，それもブルジョアの玩具ではない大衆車の製作を夢見ていた」と伝えられているが，日野もコンテッサという乗用車を開発した。「星子さんにみせてあげたかった」と，語るエンジニアもいた（鈴木 [2003]）。日野自身はその後，乗用車部門から1967年に撤退し，トヨタと提携していく。日野やいすゞはこうして，ディーゼルエンジンの大型車分野を中心に活動していくわけだが，星子の大衆乗用車への夢は，戦後日本の自動車工業界全体のなかで実現されたのである。

(2)　先進技術へのチャレンジ

　日野自動車工業編 [1993] によると「技術へのチャレンジを通じて，心を，そして人生を豊かにし，かつそれを後世に残すことが，現代の技術屋の道」であり，「星子勇の夢は只将来に備えて技術の向上を願ったもので，それは単に1企業に止まらず，広く日本の技術の向上を思ったものであった」という。星子は「現場は失敗を恐れるな，難しくても挑戦せよ。技術者が新たに発想したものは，やらせてみよ」という基本原則を残したとされている。これは「失敗恐れぬ星子イズム」として伝えられ，「ソニーや本田技研工業など成功企業に共通する理念の先駆け」とも語られている（日経産業新聞編 [1999]）。20世紀の終わりが近づく頃，次世紀への課題として，「地球環境時代にいかに備えるか」が考えられていた（日野自動車工業編 [1993]）。ディーゼルエンジンは燃費経済性でガソリンエンジンに優るが，特有の排ガスの問題がある。今後のトラックやバスを考えれば，達成された技術上の成果に安住することはできないわけであった。先端技術への絶えることのない追求が，企業特性をかたちづくっている。

■ おわりに

　先進技術への挑戦を自ら示し続けた星子は，「日野自動車の技術の原点であ

るばかりでなく，日本の自動車の原点であった」（日野自動車工業編［1993］）とされる。彼は2010（平成22）年，「日本の自動車産業の基礎を確立」という業績で日本自動車殿堂入りした。自動車社会構築の功労者という選考主題により，国立科学博物館での表彰式が行われたのは，11月8日であった。そして日本の自動車の原点でもあった星子のもとで薫陶を受けたエンジニアたちは，戦後も日野やいすゞで活躍を続けていった。

　星子は製品技術としての自動車を日本に紹介するという領域から，技術者としての主要な経歴を出発しているが，生産管理等の経営面へも目を配っていた。1つの製品をつくるには，その背後に基盤となる製造技術がいる。自らの体験も通して星子はそれを実務的に語る必要を想起していった。ここで概括すれば，日野自動車がトラックや運搬用自動車の領域で事業活動を始めたことが，その後の企業成長の方向性を内発的にも枠づけたといえよう。これに対して乗用車生産を最初から指向したトヨタ自動車工業や日産自動車は，戦後もこの領域での主要なメーカーであり続けた。星子の念願である大衆乗用車の製造は，確かに日野自動車そのものでは一時的にしか手掛けられなかったが，自動車工業の総体では実現されたわけであり，日本における自動車工業の草分けとしての異才の思いは，充分達成されたと評するべきであろう。

　最後に現場感覚の大切さに触れて本章を終わりたい。星子は「常にオートモティブエンジニア誌（イギリスの技術誌）をお尻のポケットに入れ現場を回った」（鈴木［2001］）とされる技師長であった。「現場は失敗を恐れず挑戦せよ」の星子の理念を，鈴木孝氏は忠実に受け継いだエンジニアの一人である。モノづくりにおける現場感覚の原則は不変であり，それこそが尽きない知恵の源泉なのだ。いかに時代が移ろうと，それは変わらぬ価値を持ち続ける。星子の後継者たちはそれを深く理解していた。

　確かに今日では，製造業でも様々な情報機器が利用される。だがそれらは，つまるところ現場のモノづくりのうえに展開される。機器の設定を行うにしても，実際の加工に応じて設定は変わってくる。そして製造企業の運営も組織活動である。それは「生きた人間が，共通目標のもとに貢献意欲を持って，コミュニケーションをとりながら遂行される」以上，現場のマネジメントをよく理解していなければならない。現場感覚の大切さ，星子勇の物語はそうしたこ

とを，いまも我々に教えてくれるのではなかろうか。

〈参考文献〉

青木茂男編［1976］『日本会計発達史――わが国会計学の生成と展望』同友館。
いすゞ自動車株式会社編・刊［1987］『いすゞディーゼル技術50年史――時代をリードした技術の記録』。
いすゞ自動車株式会社編・刊［1988］『いすゞ自動車50年史』。
大河内正敏［1942］「国防生産と利潤生産」（『科学主義工業』12月号）。
大田区立郷土博物館［1994］『工場（こうば）まちの探検ガイド』。
自動車工業会編・刊［1965, 1967, 1969］『日本自動車工業史稿 (1) (2) (3)』。
自動車工業振興会［1973］『日本自動車工業史座談会記録集』。
自動車工業振興会［1975］『日本自動車工業史口述記録集』。
自動車工業振興会［1979］『日本自動車工業史行政記録集』。
鈴木孝［2001］『20世紀のエンジン史――スリーブバルブと航空ディーゼルの興亡』三樹書房。
鈴木孝［2003］『ディーゼルエンジンの挑戦――世界を凌駕した日本の技術者達の軌跡』三樹書房。
鈴木孝［2006］「飛行機を量産したトラック会社と星子勇」（日本機械学会『講演論文集』12月号）。
鈴木孝・土屋修・有我正博［2004］「二次大戦中のガス電（日立航空機／日野）『初風』エンジンに見る真の技術移転」（日本機械学会『講演論文集』12月号）。
富塚清［1998］『航研機――世界記録樹立への軌跡』三樹書房。
西牟田祐二［1999］『ナチズムとドイツ自動車工業』有斐閣。
日経産業新聞編［1999］『さらば製造業』日本経済新聞社。
日野自動車工業株式会社編・刊［1982］『日野自動車工業40年史』。
日野自動車工業株式会社編・刊［1993］『ディーゼルエンジン・トラック・バス』。
星子勇［1915］『ガソリン発動機自動車』極東書院。
星子勇［1930］「自動車工業助成策に就て」『機械学会誌』第33巻 第161号。
星子勇［1940］「国防力と自動車工業」（『科学主義工業』12月号）。
星子勇［1941］『機械工場作業計画』工業図書。
防衛庁防衛研修所戦史室編［1975］『戦史叢書 陸軍航空兵器の開発・生産・補給』朝雲新聞社。
本山聡毅［2007］『戦時体制下の語られざる技術者たち――野中季雄と星子勇』鳥影社。
山岡茂樹［1988］『日本のディーゼル自動車――自動車工業の技術形成と社会』日本経済評論社。

第4章

日産自動車の創業と企業活動
―鮎川義介―

宇田川　勝

■ はじめに

　自動車工業は20世紀の産業特性である大量生産・販売体制を最初に体現した，第二次産業革命の先導産業であった。20世紀初頭に第一次産業革命を達成した日本においても，明治末期から両大戦間期にかけて次世代の産業課題である重化学工業分野での第二次産業革命が開始された。昭和時代に入ると，日本政府は機械工業分野で自動車，化学工業分野で合成硫安，金属工業分野でアルミニウムの3工業を第二次産業革命達成のための戦略業種と位置づけた。いずれの業種の国産化も困難な課題であった。なかでも1923（大正12）年の関東大震災後の自動車需要の拡大に着目して日本に進出したアメリカのフォード，ゼネラル・モーターズによって，国内市場を支配されている自動車工業の国産化は至難であるとされた。それゆえ，政府の要請を受けても，三井，三菱，住友の三大財閥とも自動車事業には進出しなかった。

　そうした厳しい経営環境のなかで，困難な自動車工業の国産化挑戦に果敢に名乗りを上げたのが日産自動車創業者の鮎川義介とトヨタ自動車創業者の豊田喜一郎であった。本章ではそのうち，鮎川の斬新な経営構想力とビジネス・

鮎川義介
（出所）日産自動車編［1965］。

モデルにもとづく大胆かつ大規模な自動車国産化活動について考察する。

1 戸畑鋳物の経営と自動車部品事業への進出

　母方の大叔父である明治の元勲・井上馨から「エンジニア」になることを勧められた鮎川義介は，1903（明治36）年に東京帝国大学工科大学機械工学科を卒業すると，将来起業するためには現場の経験が必要であると考え，一工員として芝浦製作所に勤務した。鮎川は同所で仕上工，鋳物工として働くかたわら，工場経営の実態を学ぶために休日ごとに東京市内の工場を見学して歩いた。工員生活と工場見学を通じて，鮎川は日本の機械工業の弱点は，基礎素材である鋼管と鋳物技術の未発達にあると結論した。鮎川は日本では最新の両工業技術を学ぶことは不可能であるとして芝浦製作所を退社し，新興工業国のアメリカで機械工業技術を学ぶ決心をした。

　1905年11月にニューヨークに到着した鮎川は，現地の三井物産支店を通して就業先を探し，翌06年1月，バッファロー市郊外の可鍛鋳鉄メーカー，グルド・カプラー社に週給5ドルの見習工の職を得た。小柄な鮎川にとって，現

グルド・カプラー社本社工場で働く鮎川義介（1906年）
（出所）愛蔵本刊行会編・刊［1964］『百味箪笥　鮎川義介随筆集』。

地労働者に混じっての作業はきついものであったが，大国ロシアの戦勝国である日本青年が弱音を吐くことはできないと頑張り通し，新しい鋳物技術である可鍛鋳鉄の製造方法を習得するとともに，作業を通じて以下の事業経営上の信念を取得した。

「私の生涯のうちで，これほど意義のあるまた得がたい体験はないと思います。そして，それ以上に私は自分の仕事に対する，牢乎として抜くべからざる信念を，脳裏に刻み付けたのです。即ち日本人は労働能率に於いて毫彼等西洋人に劣る者ではなく，彼等が体格や，腕力に勝れている代りに，我々には先天的に手先の器用さ，動作の機敏と，コツの活用といふ特有性に恵まれている。故に此特長を完全に発揮することによって，仕事の終局の成績を，彼ら以上に挙げ得ない事はないという信条を得たのでありました。果してそうだとすると，当時こちらの労働賃金は米国のそれと比べて，5分の1内外でありましたから，若しも事業に対する組織や，規律や，製造工程を向ふ並みにし得たならば，従来の輸入品を駆逐する事が出来る許りではなく，仮令運賃や，金利のハンデキャップはあっても，逆に向ふに輸出し得る品物は，多々あるべき道理だと云うことを，信ずるに至ったのであります」（鮎川［1928］10頁）。

鮎川はさらにエリー市のマリアブル・アイアン社などで実地研修を行い，1907年に帰国した。そして，井上馨に習得した可鍛鋳鉄製造技術と作業体験にもとづいて鋳物会社を設立したいという希望を打ち明け，支援を求めた。その結果，井上の口利きで藤田小太郎，久原房之助，貝島太助らの親族と三井物産の出資を得ると，鮎川は再度渡米して最新式の鋳物工場設備を購入し，1910年に九州・戸畑に資本金60万円の戸畑鋳物株式会社（現・日立金属）を設立した。工場レイアウトと生産工程については，鮎川はアメリカで実施されている方式を採用し，自ら実地に従業員を指導した。しかし，日本最初の黒心可鍛鋳鉄製造会社である戸畑鋳物は販路開拓に苦しみ，幾度となく倒産の危機に直面するが，その都度親族の支援によってそれを乗り切り，やがて第一次世界大戦の勃発による鋳物関連部品の輸入途絶のなかで経営自立を達成した。

鮎川の経営方針は堅実であった。彼は大戦ブーム時には事業拡張を控えて蓄積した内部資金を第一次世界大戦後に予想される反動不況期に有利に活用する

方策をとり，大戦後，可鍛鋳鉄の製造に電気炉を導入して焼鈍時間の短縮と品質の向上を図った。また同時に，帝国鋳物，木津川製作所，東亜電機製作所，安来製鋼所などを設立あるいは買収して，鉄管継手，ロール鋳造品，石油発電機，特殊鋼などの製品多角化を推進した。これらの製品は第一次世界大戦後再流入した外国製品との競争に打ち勝ち，昭和初期には三井物産を通じて東南アジア，インド方面に輸出された。とくに鉄管継手製品の競争力は抜群で，わが国鉄鋼関連製品のなかで最初に欧米市場進出を果たし，イギリスの有力継手製造メーカーのクレーン社から販売協定を申し込まれた程であった。アメリカでの工員生活を通じて，鮎川の骨がらみの信念となっていた可鍛鋳鉄製品の国産化とその輸出化は20年の歳月をかけて見事に実現されたのである。

　鮎川は可鍛鋳鉄事業の国産化に成功すると，新たな産業開拓分野として自動車工業を選び，その進出準備を開始した。その動機について，鮎川はつぎのように語っている。

　　「戸畑鋳物は鋳物では日本一だが，船舶用小型発動機や水道管の継手のようなものを造っていたのでは，会社はこれ以上発展しない。自動車エンジンを主体として自動車関係に入るのがよい」（自動車工業振興会編［1975］94頁）。

　鮎川が可鍛鋳鉄製造技術を学んだバッファロー，エリー両市はエリー湖を挟んでデトロイト市の対岸にあった。当時，デトロイトは自動車工業の勃興期で活況に満ちていた。エンジニアの鮎川はその息吹を肌で感じ，将来，自動車工業が機械産業の中核に位置することを確信した。しかし，鮎川の自動車工業進出計画は取引銀行の三井銀行をはじめとして関係者から時期尚早であると反対された。そこで，鮎川は迂回作戦をとり，まず自動車部品事業に進出して技術と経験を積み，それから本体の自動車工業に着手する計画を立てた。そして，昭和初期までに自動車製造に必要な鋳鋼品，マリアブル部品（戸畑鋳物），特殊鋼（安来製鋼所），電装部品（東亜電機製作所），塗料（不二塗料製造所）などを，戸畑鋳物とその関連会社で生産する体制を整えた。それらの製品は東京瓦斯電気工業（自動車部），東京石川島造船所（自動車部），ダット自動車製造の国産3社に供給したほか，1923年の関東大震災の自動車市場拡大に着目して日本進出を果たしたフォード，ゼネラル・モーターズ（GM）の組立会社の

日本フォード，日本GMにもマリアブル部品を納入した。

　こうして，総合機械工業である自動車製造事業への進出準備を整えると，1931（昭和6）年6月，戸畑鋳物は定款の事業目的に自動車工業の製造を加え，同年8月，久保田鉄工所傘下のダット自動車製造の株式の大半を買収し，同社の経営権を獲得した。

2 日産自動車設立と自動車国産化構想

　昭和時代に入ると，鮎川義介は戸畑鋳物を経営するかたわら，日産コンツェルンの形成に着手した。大正末年に義弟久原房之助家の経営する久原鉱業が経営危機に陥り，鮎川がその再建を引き受けたからである。1928（昭和3）年6月，久原に代わって久原鉱業社長に就任した鮎川は，久原財閥の再生策として久原鉱業の公開持株会社構想を打ち出し，同年12月の株主総会で，①久原鉱業を傘下企業の統括持株会社にする，②同社の株式を公開する，③社名を日本産業に改称する，という3議案の承認を得た。その結果，久原財閥は公開持株会社日本産業（通称，日産）を頂点に持つ日産コンツェルンに再編成されたのである。

　昭和恐慌時に出発した日産コンツェルンの経営は，傘下企業の不振もあって困難を極めた。しかし，1931年9月の満州事変の勃発，同年12月の金輸出再禁止措置を契機に日本経済が長期不況から脱出して再び成長軌道に乗ると，傘下企業は立ち直り，日本産業の株価も上昇した。そうした機会の出現を待っていた鮎川は日本産業設立時に構想した大衆資金に依拠する日産コンツェルンの形成を図るために，傘下企業の株式をプレミアム付きで公開して巨額の株式売却差益を入手し，さらに株価高騰の日本産業株式と既存会社株式の交換による既存企業の吸収合併を中心とするコングロマリット的拡大戦略を積極的に展開して急成長を遂げ，1937年までに住友を抜いて三井，三菱両財閥に次ぐ企業集団を形成した（表4-1）。

　そうした日産コンツェルンの拡大戦略のなかで，鮎川は念願の自動車事業進出計画を順次実施していった。日本産業は，1933年1月，所有する日本鉱業株式のうち15万株，同年10月，日立製作所株式のうち10万株をプレミアム

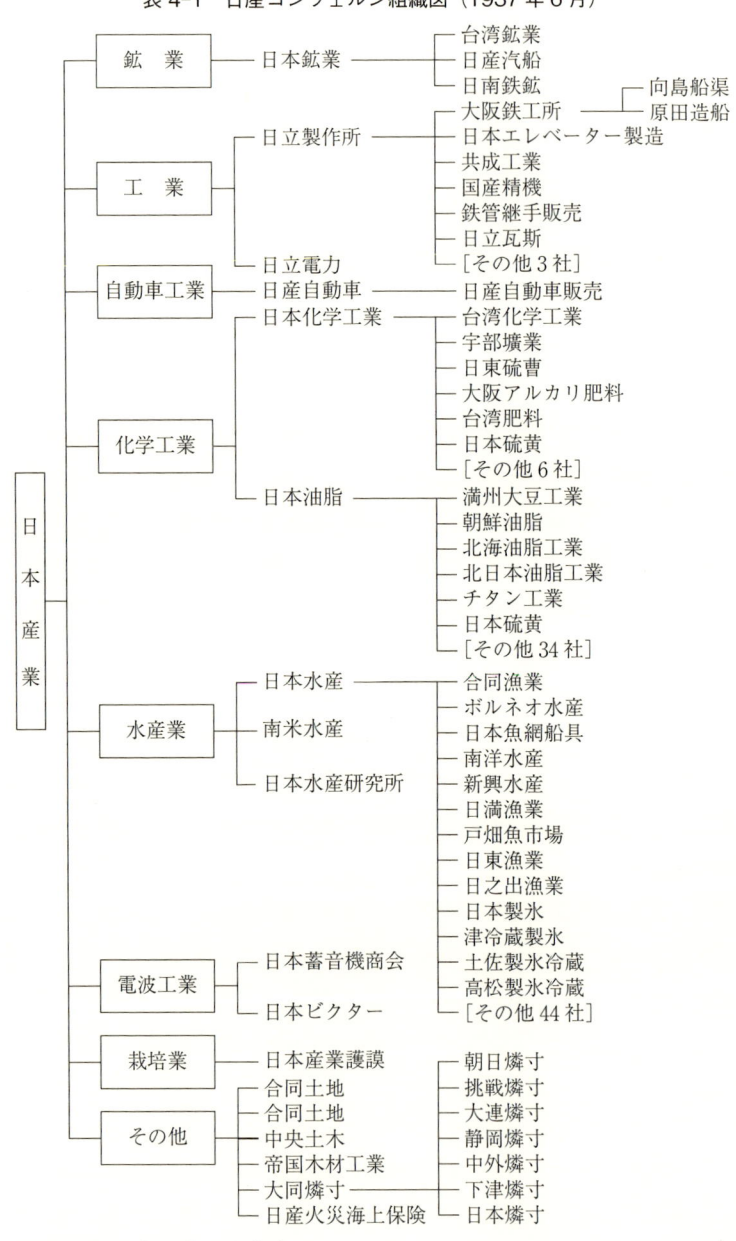

表 4-1　日産コンツェルン組織図（1937 年 6 月）

- 日本産業
  - 鉱業
    - 日本鉱業
      - 台湾鉱業
      - 日産汽船
      - 日南鉄鉱
  - 工業
    - 日立製作所
      - 大阪鉄工所
        - 向島船渠
        - 原田造船
      - 日本エレベーター製造
      - 共成工業
      - 国産精機
      - 鉄管継手販売
      - 日立瓦斯
      - ［その他 3 社］
    - 日立電力
  - 自動車工業
    - 日産自動車
      - 日産自動車販売
  - 化学工業
    - 日本化学工業
      - 台湾化学工業
      - 宇部壙業
      - 日東硫曹
      - 大阪アルカリ肥料
      - 台湾肥料
      - 日本硫黄
      - ［その他 6 社］
    - 日本油脂
      - 満州大豆工業
      - 朝鮮油脂
      - 北海油脂工業
      - 北日本油脂工業
      - チタン工業
      - 日本硫黄
      - ［その他 34 社］
  - 水産業
    - 日本水産
      - 合同漁業
      - ボルネオ水産
      - 日本魚網船具
      - 南洋水産
    - 南米水産
    - 日本水産研究所
      - 新興水産
      - 日満漁業
      - 戸畑魚市場
      - 日東漁業
      - 日之出漁業
      - 日本製氷
      - 津冷蔵製氷
      - 土佐製氷冷蔵
      - 高松製氷冷蔵
      - ［その他 44 社］
  - 電波工業
    - 日本蓄音機商会
    - 日本ビクター
  - 栽培業
    - 日本産業護謨
  - その他
    - 合同土地
    - 合同土地
    - 中央土木
    - 帝国木材工業
    - 大同燐寸
      - 朝日燐寸
      - 挑戦燐寸
      - 大連燐寸
      - 静岡燐寸
      - 中外燐寸
      - 下津燐寸
    - 日産火災海上保険
      - 日本燐寸

（出所）和田［1937］より作成。

付きで公開し，これによって巨額の株式売却益金を獲得した。その直後，鮎川は戸畑鋳物の幹部を集め，つぎのように語った。

「1千万円という金が手に入った。よくいえば天から授かったようなもので無くしても惜しくはない。ほんとうはこの金を借金の整理に回せばよいのだが，そうしなくとも日本産業の計画に支障をきたすことはない。そこでこの金を戸畑鋳物に注ぎ込んでかねての考えどおり田舎の鋳物会社から自動車部品会社に転向することにしたい。というのは幸か不幸か三井，三菱の財閥が自動車工業に手を出そうとしていないし，住友も傍観している。われわれ野武士が世に出る近道は，いま自動車をやることにおいてほかにはない」(自動車工業振興会編［1975］96頁)。

鮎川は自動車工業進出のための拠点として，1933年3月，戸畑鋳物のなかに自動車部を設置した。鮎川の自動車工業進出計画は大別すれば，つぎの3つの段階からなっていた。

第1段階：自動車部品と小型車ダットサンの量産計画
第2段階：外国自動車メーカーとの提携と自動車工業界の合同策
第3段階：日産自動車と東京自動車工業の合同計画と満州における自動車製造活動

(1) 自動車部品とダットサンの量産計画

鮎川義介の目標はフォード，シボレークラスの大衆車を国産化し，自動車工業を確立することにあった。しかし，ただちにこの目標を達成することはできなかった。当時，日本の自動車市場は日本フォード，日本GMによって席巻されていたからである。そこで，鮎川は戸畑鋳物の経営方針を引き継いで量産工場を建設し，「自動車機械部分品ノ大量生産ヲ開始シ…国産部分品ヲ以テ，シボレー及フォードノ実質的国産化ヲ図」る一方，後述する経緯で入手したダットの製造権を活用してフォード，シボレーと競合しない小型車ダットサンの量産化を計画した（宇田川［1997］)。鮎川の計画によれば，5年間でシボレー部品の50％，フォード部品の30％を国産化し，同時にダットサンの年間5,000台生産体制を達成する予定であった。

この計画を実現するための工場用地として，1933（昭和8）年8月，戸畑鋳

物は横浜市神奈川区の埋立地約2万坪を購入した。アメリカの工業技術力を高く評価していた鮎川は工場建設にあたって，アメリカ式の自動車生産方式を全面的に導入する方針を採用し，三菱商事を通してプレス・鍛造用機械，工作機械200台と切削工具をアメリカから買い付け[1]，同時に技術顧問のウィリアム・ゴーハムを派遣して招聘するアメリカ人技師の人選を一任した。1933年12月に戸畑鋳物の自動車部を分離独立させて自動車製造株式会社を設立すると，ただちに横浜工場の建設に着手した。そして，自動車製造会社は1934年6月に日産自動車と改称し，翌35年4月にはわが国最初のシャシーからボディーまでのコンベア方式の一貫生産による年間5,000台の生産の能力を持つ，「アメリカノヤリ方ヲソックリ移入」した自動車工場を完成させた（和田[1995]）。横浜工場で生産されるダットサンは運転免許が必要ではなく，しかも燃費効率が良く，日本の道路事情に適していたこともあって，タクシー業界や自動車運転に興味を抱く中産階級に人気を博した。その結果，横浜工場が本格稼働した2年後の1937年4月までにダットサンの累計生産は1万台に達した。年間5,000台の生産体制確立を目指した鮎川の計画は，2年目で早くも実現されたのである。ただその一方で，フォード，シボレーの実質的国産化を図る自動車部品生産はダットサンの量産化が予想を越えて進行したこともあって，計画通りには進捗しなかった（表4-3）。

表4-3　部品等の出荷金額

単位：円

期間　種別	1933. 11. 21 ～1934. 4. 20	1934. 4. 21 ～ . 10. 20	1934. 10. 21 ～1935. 4. 30	1935. 5. 1 ～ . 10. 31
GMパーツ	9,794	46,199	24,571	3,757
Fordパーツ	59,104	123,178	95,278	63,213
Harleyパーツ	—	—	11,340	5,061
久保田鉄工その他	—	51,167	—	28,766
計	68,898	220,544	131,189	100,797

（出所）日産自動車編［1965］。

第4章　日産自動車の創業と企業活動　　97

1935年2月頃の横浜工場全景
（出所）日産自動車編［1965］。

1935年型ダットサン14型ロードスター
（出所）日産自動車編［1965］。

(2) 外国メーカーとの提携と自動車工業界の合同策

　鮎川義介は日産自動車の創立と並行して外国メーカーとの提携と自動車工業界の合同策を画策した。関東大震災後の自動車需要の増大を背景に日本市場進出を果たしたフォード，GM の両組立会社の量産量販活動によって，軍用自動車補助法の許可会社の東京瓦斯電気工業（自動車部），石川島自動車製作所，ダット自動車製造の3社を除いて，国産メーカーは大打撃を受け，倒産あるいは自動車生産を中止した。

　第一次世界大戦後，わが国は輸入超過による国際収支の赤字に悩んでいた。それゆえ，国産メーカーの不振とフォード，GM 両社のノックダウン生産による自動車関連部品の輸入急増は看過できない問題であった。そこで，自動車工業を機械産業分野の中核に据えようと計画していた商工省は，1929（昭和4）年9月，諮問機関である国産振興委員会に「自動車工業を確立する具体的方策如何」を諮問した。そして，同委員会の答申にもとづき，1931年5月，関係省庁の局長，上記の国産3社の社長と学識経験者をメンバーとする自動車工業確立委員会を発足させて具体的な審議を重ね，つぎの3点を内容とする自動車工業確立策を決定した。

1) 1.5トンから2トンクラスの標準型式自動車を設計し，同車種を製作するメーカーに奨励金を交付する。
2) 標準型式自動車の生産基盤を強固にするため，国産3社の合併合同を推進する。
3) 自動車関連関税を引き上げる。

　1932年3月，標準型式自動車「いすゞ」の試作が完成した。国産振興委員会では，当初，「いすゞ」を乗用車を含めた輸入防遏車種にする予定であった。しかし，自動車工業確立委員会の審議の過程で乗用車については，「車体ノ意匠ニ重キヲ置ク関係上流行ノ変遷烈シキノミナラズ廉価ナル外国車トノ競争困難」であるという理由で，試作を中止した。また，バスとトラックについては，1.5トンクラス以下の試作車も検討されたが，このクラスでは「大規模ノ生産機械ニ依リ世界市場ヲ風靡シツツアル『フォード』及『シボレー』型ニ対シ価格ノ点ニ於テ競争困難」であるとして，両車種と競合しない中級車のみの製作を決定した（商工省工務局編［1932］）。

この間，1931年9月に勃発した満州事変において自動車の軍事的利用価値を再認識した陸軍は政府に対して自動車工業確立策の早急な実施を要求した。その結果，陸軍，商工，鉄道の3省は自動車工業確立策の第一歩として，軍用保護自動車と標準型式自動車の量産体制の確立および両車種の性能向上とコスト削減を実現するため，上記の国産3社に対して合同を勧告した。しかし，3社合同は各社の利害調整がつかず，進捗しなかった。

そうした状況のなかで，前述のようにダット自動車製造の経営権を取得すると，鮎川は3社合同を図るために関係者に対して説得を開始した。鮎川は日本フォード，日本GMが自動車市場を支配しているなかで，自動車国産化を達成するためには国産メーカーを大同団結させ，早期に量産システムを確立する以外に方法がないと考えていたからである。

1932年9月から国産3社の合同協議が開始され，同年12月林桂陸軍省整備局長を立会人として，渋沢正雄石川島自動車製作所，松方五郎東京瓦斯電気工業社長，鮎川ダット自動車製造社長による3社合併の仮契約を締結した。しかし，その直後，瓦斯電の松方から「瓦斯電は自動車部門を分離して三社合同に参加する方針であったが，当社の工場は第一五銀行（ママ）から得ている融資の担保に入っている。その一五銀行が昭和恐慌による破綻のため整理中で，自動車部の分離には時間がかかる」という申し出があった（自動車工業振興会編［1975］）。鮎川は松方の申し出に不満であったが，商工，陸軍両省の説得を受けて，瓦斯電自動車部は一五銀行の整理終了後，ただちに合同に参加するという条件のもとに石川島自動車製作所とダット自動車製造の2社合同を先行させることに同意した。その結果，1933年3月，両社は合同し，資本金320万円の自動車工業株式会社が成立した。

石川島自動車製作所とダット自動車製造の合同後，後者が所有していたダットサンの製造・販売権は自動車工業会社に移行した。しかし，自動車工業会社には小型乗用車生産の意思はなく，戸畑鋳物のダットサン生産再開要求を拒否した。そこで，戸畑鋳物は自動車工業会社に対してダットサンの製造・販売権の譲渡を申し入れ，1933年9月，両社の間にダットサンとその部品に関する製造および販売権一切を合併契約締結の同年2月にさかのぼって戸畑鋳物が自動車工業会社から無償で譲り受ける契約が成立した。その結果，日産自動車の

設立によるダットサンの多量生産とフォード，シボレー部品の国産化を企図した，鮎川の自動車国産化構想の第1段階がスタートしたのである。

国産3社の合同策は鮎川の期待したかたちでは進行しなかった。しかし，その最中に鮎川は耳寄りなニュースを入手した。1932年に国産3社の合同問題が生じると，その動向を注視していた「日本ゼネラル・モーターズ会社専務K.A.メイ（が），同社も合流したい旨，商工省に申し出」たからである（尾崎[1966]）。

鮎川の自動車国産化の最終目標がフォード，シボレークラスの大衆乗用車の確立にあったことは前述した。しかし，鮎川自身もこの目標達成にはかなりの期間が必要であると考えていた。そこで，GMと提携できれば，その期間短縮ができると考えた鮎川は，ただちに来日中のメイと会見し，GM本社が日本GMの「日本化」[2]を企図しているか否かを打診したこれに対して，メイは鮎川に「日本GMノ日本化ニ就テGM本社ハ其意思」があることを伝えた。GM本社の意思を確認した鮎川は，メイに「合同会社（自動車工業会社のこと—引用者）ナルモノハ元来軍部ノ慫慂ニヨリ設立セラレタルモノデアッテ之ヲ今直ニ外国会社トノ提携ヲ問題ニスルモノトハ到底考ヘラレナイ…［中略］…若シGM社ガ真ニ日本ノ自動車工業ト合流スル意思アルナラバ差當ツテ日産ヲ通ジ且ツ機ヲ待ツテ全体的合同ノ波ニ乗ラザルヲエナイ」ことを説明し，日産—GM提携による大衆車量産計画の実施を提案した（宇田川[1997]）。

日産—GMの提携交渉は1933年2月から極秘に開始された。その結果，1934年4月6日，両社の間に①GMは日本GM株式の49%を日本産業に譲渡する，②日本産業は前年設立した自動車製造会社株式の49%をGMに売却するという，子会社株式の交換を内容とする提携契約が成立した。この契約設立後，鮎川は竹内可吉商工省工務局長から「日産—GM, Cooperationハ至極結構ナリ」という言質をとり，青木一男大蔵省外国為替管理部長からも日本GM株式買い取りにともなうGM本社への送金許可を非公式に得た（宇田川[1974]）。しかし，陸軍省は，「外車との提携問題はおもしろくないという意見」を強硬に主張した（自動車工業振興会編[1973]）。

そこで，鮎川は陸軍省の同意が得られなければ提携成立は不可能であることをGM側に伝え，譲歩を求めた。その結果，1934年10月，GM本社は日本産

業が提示したつぎの提携案に同意した（宇田川［1974］）。
 1) 日本 GM 株式の 51% を日本産業が即時取得する。
 2) 日産自動車全株式を GM が希望するならば，日本産業が経営権を取得する日本 GM に所有させる。
 3) 日本産業は提携成立後 5 年以内に日産自動車株式の 51% を日本 GM から買い戻す権利を保有する。

　この 3 点は，陸軍省が日産—GM の提携成立要件として強く主張したものであった。しかし，この提携案についても陸軍省内部の意見がまとまらず，日産—GM 提携交渉は 1934 年 12 月に解消された。

(3) 第 2 次日産—GM 提携交渉

　陸軍省は満州事変以後の国際的孤立化のなかで，自動車工業の確立を急いだ。しかし，上述の自動車工業会社の量産体制は，陸軍が期待した通りには進行しなかった。そこで，陸軍省は，①フォード，シボレークラスの大衆トラックの量産体制の確立，②外国メーカーの抑圧・排斥，③自動車事業の許可制，の 3 点を主眼とする新たな自動車工業確立工作の実施を求めて，1934（昭和 9）年 1 月から関係省庁との協議を開始した。しかし，当時，商工省は標準型式自動車「いすゞ」の量産を企図しており，しかも日産—GM の提携計画を支持する方針をとっていたので，陸軍省の要求に難色を示した。また，外務，大蔵両省とも陸軍省の強硬な主張には反対であった。

　しかし，強権的な陸軍の圧力には抗し難く，商工省は，1935 年 4 月，工務局長に岸信介，工政課長に小金義照が就任したのを機に従来の政策を変更して，陸軍省の主張する自動車工業確立工作に同意した。そして，1935 年 8 月，政府は①普通自動車の組立または主要部品の製造事業は許可事業とする，②許可会社は「議決権の過半数が日本国臣民に属する株式会社に限定する」ことを主眼とする「自動車工業法要綱」を閣議決定した（宇田川［1977］）。

　「自動車工業法要綱」の閣議決定が確実になった 1935 年 6 月，今度は GM 本社から鮎川に提携交渉の再開打診があった。GM は日本 GM 株式の 51% を日本産業に譲渡し，日本産業と GM が日本 GM を共同経営するという，提携条件を提示した。しかし，鮎川は「（一）昨夏と業法制定方針の決定せる今日

とは全然事情が異なって居り，（二）日産は一ヶ月間のダットサン製作経験を得，今や大衆車製作の技術的根拠を持つにいたったから必ずしも提携せねばならないことはない」との強気の態度でGMに対応した（岩崎［1944］）。そして，GMが提携の実現を望むのであれば，日本GMと日産自動車を合併して新会社を設立し，その新会社を自動車工業法要綱にもとづいて制定される自動車製造事業法の許可会社とすべきであると主張した。当時，商工省内部の自動車製造事業法の許可会社の1社は外資提携会社にするという合意情報を，鮎川は入手していたからである。GMも自動車製造事業法が制定されれば（1936年5月公布，同7月11日施行），早晩，日本GMの事業活動は大きく制約され，最終的には日本市場から締め出されるという判断に立ち，鮎川の主張を受け入れた。

日産自動車と日本GMの合併による新会社設立の最終交渉は，1936年1月，ニューヨークのGM本社で行われた。鮎川は交渉担当者として浅原源七日本産業取締役と久保田篤次郎日産自動車常務取締役を派遣した。両者は渡米に際して，鮎川からもう1つの使命を与えられていた。それは，GMとの交渉が不調に終わった場合，自動車製造事業法の許可会社申請に必要な大衆車設計図と，その量産に必要な機械設備一式を買い付けることであった。自動車製造事業法の許可を受けるためには750cc以上の車種を生産しなければならなかったからである。

GMとの最終交渉の結果は，浅原によれば，つぎのようであった。

　「その時のゼネラル・モーターズの本社の考えは『日本の軍部は国産車の生産を確立したいという考えを強く持っている。しかも，ドイツにおいてヒットラーがオペルの工場を接収した直後であり，日本における合弁会社もオペルと同じ運命をたどるのではないか』という懸念と，投資に対する不信感のために，合弁会社の設立も見合わせることになった」（自動車工業振興会編［1975］62頁）。

GM本社は，日本における合弁事業は自動車製造事業法の許可を得るために当初予定したよりも不利な条件で大規模に実施しなければならず，しかもこれまでの陸軍の態度からして，合弁事業の安全性は期待できないと判断したのである。

第4章　日産自動車の創業と企業活動　103

　GMとの交渉が不成立に終わったので，浅原と久保田はもう1つの目的であった大衆車種の選定と機械設備の購入のためにアメリカ各地，さらにヨーロッパ各国の自動車メーカーを訪問した。しかし，偶然にも大衆車選定のきっかけは東京にいる鮎川によってもたらされた。1937年2月，鮎川は来日中の米国・リビー・オーエンス会社社長ビーカスと面談する機会があり，彼から同社の株主で，自動車用ガラスの納入先のグラハム・ページ社が経営破綻を起こし，車種の製造・販売権および生産設備一式の売却先を探しているという情報を聞いたからである。鮎川からこの情報を受けた浅原らはただちにデトロイトのグラハム・ページ社を訪問した。そして，同社のエンジンが乗用車とトラックに共有できることを確認すると，1936年4月，自動車製造事業法の申請要件を満たすエンジン設計図の作成を依頼し，同社の機械設備・冶工具一式を購入する契約を締結した（浅原［1969］）。

　グラハム・ページ社からの設計図到着を待って，1936年3月，日産自動車は自動車製造事業法の許可会社申請を行い，豊田自動織機製作所とともにその許可を受けた[3]。そして，日産自動車はグラハム・ページ社から導入した設備を使用して，1936年12月から「ニッサン」と命名した大衆車の生産を開始し

ニッサン80型トラック
（出所）日産自動車編［1965］。

たのである。

ニッサンの生産開始に対応して,日産自動車は販売体制の整備に力を注いだ。ダットサンについては,特約販売代理店制度を通して販売していたが,ニッサンとダットサン両車種の市販一元化を図るため,直売制度を採用した。そして,1937年12月,日本産業傘下のダットサントラック商会とダットサントラック商会を合同して日産自動車販売会社を発足させ,全国に110店舗の販売拠点を置いた。

3 日産自動車と東京自動車工業の合同計画と満州における自動車製造事業

鮎川義介は自動車製造事業法の施行直後から再び自動車工業界の合同論を唱え,行動を開始した。鮎川の意図は合同によって自動車メーカー間の競争を回避するとともに,日産自動車の生産体制を拡充することにあった。鮎川は前述の国産3社の合同問題の際,表面に出過ぎて周囲の反発を買ったことを考慮して,今回は小川郷太郎商工大臣の政策ブレーンである松村菊勇自動車工業会社社長と親しい朝倉毎人(当時,衆議院議員)を仲介者として話を進めた。

『朝倉毎人日記』によれば,1936(昭和11)年8月15日,朝倉は小川商工相に同行して日産自動車横浜工場を視察し,「其規模ノ大ナル感心ス。大衆自動車ノ政策ハ可能ト見込ム」と記している(阿部・大豆生田・小風[1985]第2巻)。鮎川は朝倉と会談して,自動車製造事業の早期確立には自動車メーカーの大合同が必要であることを説明し,その手始めとして日産自動車と自動車工業会社の合同の仲介役を依頼した。朝倉はさっそく自動車工業の松村と会い,「将来ノ大成上大合同ヲ慫慂ス」る一方,小川商工大臣から自動車工業界の大合同は,「国家的見地ヨリ賛成」であるとの回答を受け取った(同上)。しかし,合同問題は鮎川の意図通りには進まなかった。まず松村は日産自動車との合同よりも,東京瓦斯電気工業自動車部との合併を先行させたいと主張した。また,自動車工業会社の主力取引銀行の第一銀行明石照男頭取は日産自動車,自動車工業,瓦斯電自動車部の3社合同には賛成したが,前2社のみの合同には反対であった。これに対して,鮎川は3社合同が実現すれば,瓦斯電社

長の松方五郎を新設会社の社長に就任させてもよいという考えを示した。しかし松村，明石，松方の3者は鮎川の提案に明確な返事をせず，自動車工業会社と瓦斯電自動車部の合同を先行させ，1937年1月，両社による東京自動車工業株式会社の成立を決定した（正式設立は同年4月9日）。

ところで，1937年11月，日産コンツェルンの本社日本産業は「満州国」の首都新京に移転して社名を満州重工業開発（通称，満業）と改称し，同国法人として「満州産業開発5カ年計画」の遂行機関となった。その結果，日産自動車は戦時体制への移行のなかで日「満」両国の増大する自動車需要に応じるために，新たな事業活動の展開を迫られることになる。鮎川は「満州国」において後述するフォードとの合弁による自動車会社設立を構想する一方，日本内地では日産自動車と東京自動車工業の合同を画策した。そして，両社の合同を進めるために，東京自動車工業株式の50％を所有する東京瓦斯電気工業自体の買収を計画した。瓦斯電株式の51％は一五銀行が所有していた。十五銀行は自行の整理資金調達のために瓦斯電株式の買い取り先を探していた。鮎川は瓦斯電株式の買い取り会社として満業傘下の日立製作所を活用しようと考えた。満業は「満州国」法人で日本企業を直接買収できなかったことに加えて，日立製作所社長の小平浪平が軍需関連事業分野の拡充を図るために瓦斯電の買収を希望していたからである。

1938年4月，日立製作所は一五銀行所有の瓦斯電株式を入手した。しかし，瓦斯電株式の日立製作所への譲渡については瓦斯電と東京自動車工業の経営陣はまったく関与しておらず，一五銀行頭取の西野元，鮎川，小平の3者で極秘に進められた。その結果，事態が明らかになると，東京自動車工業，とくに瓦斯電の松方五郎社長は強く反発した。そして，松方は両社の事業と関連の深い陸軍省兵器局に鮎川らの行動に不満であることを伝え，善処を求めた。兵器局は軍用保護自動車メーカーで，しかも戦車の量産を計画していた「東京自動車工業の経営が松方から離れ，大きく変える事態を好まなかった」（日野自動車工業編［1982］）。また，陸軍省内部には外国メーカーとの提携を追求する鮎川の経営姿勢に反感を抱く者も少なくなかった。

陸軍省兵器局は鮎川の影響力を弱めるため，瓦斯電が所有する東京自動車工業株式の半数を軍需関連事業を営む日本高周波重工業とその子会社に譲渡する

よう要請した。この要請を受け入れれば、鮎川は東京自動車工業の経営権取得を断念しなければならなかった。しかし、小平の希望する瓦斯電の日立製作所への吸収合併を実現するため、結局、鮎川は兵器局の要請に同意した。

鮎川は政界を引退し、1937年2月から日産自動車常務取締役に就任していた朝倉毎人を介して、その後も同社を中核とする自動車工業界の合同を政・財・官の関係者に働きかけ続けた。しかし、朝倉の懸命な合同工作も陸軍省と商工省の意見が一致せず、しかも陸軍省内部の兵器・整備・軍務3局内の対立もあって、容易にまとまらず、結局、1939年11月、南次郎陸軍省次官の「自動車問題ニツキ陸軍側ノ定マル方針トシテハ国内自動車ノ合同統制問題ニ対シテハ、軍トシテハ賛成ナレドモ現在時局ニ処シ混乱ヲ起ス憂アリ現状維持静観スル方針ナリ。追テ時機ヲ見テ理想案タル合同ニ邁進スベシ」との見解発表後、鮎川の企図した自動車工業界の合同策は後退せざるを得なかった（阿部・大豆生田・小風 [1985] 第3巻）。

つぎに「満州国」の自動車工業問題に目を転じれば、満業が遂行機関となった「満州産業開発5カ年計画」のなかでもっとも重視された課題は飛行機、自動車両工業の確立であった。鮎川は、満業成立後、後者の自動車工業育成を図るために、1934年に日本メーカー7社の共同出資で奉天に設立されていた同和自動車工業を満業の傘下に移行させ、同社で軍用保護自動車と標準型式自動車のシャシー、部品およびトヨタ自動車工業のG1型トラックの組立・販売を行う一方、安東に大衆車の一貫生産体制確立を目指す満州自動車製造会社の設立計画を発表した。満州自動車製造の資本金は1億円で、5,100万円を満業が出資し、4,900万円を外国、とくにアメリカから調達する予定であった。そして、満州自動車製造の工場建設後、同社に同和自動車工業を合併し、年産5万台の生産体制の確立を計画していた。しかし、日中戦争の拡大のなかで、満業の外資導入計画は挫折し[4]、満州自動車製造の生産計画は大幅な修正を余儀なくされた。

1938年に入ると、鮎川は日本内地の自動車工業設備の満州移設についても検討し始めた。鮎川がとくに期待したのは日本フォードの単独満州進出と同社と日産自動車の合弁による自動車製造会社の設立であった。

自動車製造事業法の公布後、日本フォードの生産台数は年間1万2,360台以

内に制限されていた。それに加えて，戦時体制の強化のなかで自動車関連部品の関税引き上げ，円為替相場の下落，外国為替管理法の強化，輸出入品等臨時措置法の施行などにより，日本フォードの経営は次第に圧迫されていった。一方，日中戦争の勃発後，自動車需要は急増し，日産自動車においても「全能力ヲ発揮スルモ不足ヲ免レズ」という状況が出現した（阿部・大豆生田・小風［1985］第3巻）。そこで，日産自動車は，1937年8月，商工省の許可を得て，日本フォードの間に同社の組立工場を一括借用し，この工場で日産自動車が輸入許可を受けたフォード部品を使用してフォードを組み立て，それを日産自動車が日本フォードに売却するという契約を締結した。当時，日本フォードは日中戦争の拡大を見越して，自動車製造事業法で許可される生産台数以上のフォード部品を保有していた。それゆえ，日産自動車と日本フォードの間に締結されたフォードの生産委託契約は日本フォードにとって自動車製造事業法の許可台数を超えて増産を行うことができたばかりか，アメリカ本社への収益金送付も可能となる有利な内容であった（表4-4）。

鮎川とベンジャミン・コップ日本フォード支配人は，この生産委託方式を満州向けの自動車生産にも適用し，さらに日本フォードの満州進出あるいは満州での同社と日産自動車の合弁会社設立を計画した。前者の計画については，日「満」両国の急増する自動車需要に応じるために，1939年2月，日産自動車と日本フォードの間に第2次生産委託契約が成立され，日本フォードは同年12月までに5,000台の追加生産を行い，それを同和自動車工業へ出荷した。

後者の計画についても，コップ支配人は積極的であった。コップは自動車製

表4-4 日本フォードにおける委託製造台数

	乗用車	トラック	バス	計
1939年4月	0	1,000	—	1,000
8	0	1,400	0	1,400
11	46	700	0	746
12	254	300	100	654
1940年1月	111	400	—	511
2	89	300	—	389
3	—	300	—	300
計	500	4,400	100	5,000

（出所）日産自動車編［1965］。

造事業法が存在する限り，日本フォードの日本での工場設備拡張は不可能であり，満州での合弁事業はアメリカ本社に送金できない円貨を活用する有利な投資先であると考えたからである。しかし，フォード本社は日中戦争以後のアメリカ政府と国民の対日感情を配慮した場合，いずれの方式を採るにせよ，フォードが直接満州に進出することは適当でないという判断を下した。それゆえ，鮎川とコップとの交渉はまず日産自動車と日本フォードを合併し，この合併会社が満業の計画する自動車製造会社を支援・育成する方向で進められ，1938年10月，両者の間でつぎの合意案が作成された（長島 [1996]）。

1) 日産自動車は日本フォードを吸収合併し，後者の全額払込株式2,000万円をフォード本社に支払う。
2) 今後，日産自動車は資本金を4,000万円に増資する。そしてその出資割合は日本側2,400万円，米国側1,600万円とする。米国側の払込金は日産自動車の計画する製造設備拡張に要する輸入機械を持ってする。
3) 日産自動車の製造設備および同社でのフォード車製造に関して，フォードは機械指導を行う。日産自動車は技術指導料を支払う。
4) 満業が計画する「満州自動車事業」は無償でフォードとの間で締結された利権契約の分与を日産自動車から受ける。
5) 本契約は日「満」両国政府の許可を条件とする。本契約成立後5年を経過したのちの10年間を経過する時までの期間，フォードの要求があれば，満業はフォードの所有する合併会社株式を買い取る

この合意案について，フォード本社は①フォードが提供する技術に対する評価が低い，②合弁会社の販売権が「日満支」の日本の経済支配圏以外に適用されることを承認できない，③アメリカ本国への送金保証が十分ではない，という3点の理由から同意できない，と回答した。

この間，商工省は，1938年9月，それまでの自動車工業育成策を変更して，「外国車ヲ駆逐セシヨリ外国会社ト国産会社トノ提携ヲ策シ優秀ナル外国技術ヲ導入」する方針を打ち出し（同上），日産自動車に比べて量産体制の確立が遅れているトヨタ自動車工業に対して日本フォードとの提携を勧告した。そして，1939年7月，商工省は日産自動車，トヨタ自動車工業，日本フォードに以下の通達を行った。

「一．トヨダ及日産ト「フォード」ト提携シ二許可会社ト別個ニ日本ニ一定ノ生産能力ヲ有スル自動車製造工場ヲ設置セシムルコト，許可会社以外ノ提携ハ之ヲ認メザルコト
　二．右新設会社ノ内容ハ事業法ノ許可条件ニ合致セシムルコト
　三．新会社ハ部分品ヨリ一貫シテ自動車ノ製造ヲ為ス設備ヲ設クルコト
　四．右ノ設備ニ必要ナ輸入資材ハ主トシテ「フォード」ノ現物出資トシ且必要ナル技術者ヲ派遣スルコト
　五．提携条件ノ詳細ハ総テ商工省ノ承認ヲ要スルコト」（同上，18頁）。

　この商工省の通達に対して，鮎川はただちに賛成した。鮎川とすれば，外国メーカーとの提携は年来の主張であり，彼が要望する自動車工業界の合同の第一歩となると考えたからである。また，フォードは合同会社が自動車製造事業法の許可会社となり，しかも同社の営業区域が「日満支」の日本の支配地域に限定され，フォードの「商標権」が1,000万円に評価され，その売却も可能であったこともあって，合同会社への参加に同意した。これに対して，トヨタ自動車工業の単独生産方法を堅持する豊田喜一郎は，当初，商工省の通達実施に難色を示した。しかし，商工省の説得を受けて，トヨタ自動車工業も3社合同による新会社設立に参加することを承諾した。

　かくして，1939年11月24日，日本フォード40％，日産自動車30％，トヨタ自動車工業30％の出資による年産3万台の生産能力を持つ，資本金6,000万円の新会社を設立する契約書が3社の間で締結された。しかし，契約書にもとづく日米自動車会社合同計画は，結局，成立しなかった。商工省主導による自動車工業政策の一元化を嫌った陸軍省が強硬に反対し，日米合併の新設会社設立を認めなかったからである。

　以上，考察して来たように，日「満」両国の自動車工業確立策に深く関与していた鮎川は，当初から両国の同工業の育成・確立を併行して進めることを表明していた。しかし，満州における自動車工業確立策は外資導入の失敗もあって進展せず，関東軍を中心に鮎川に対する批判が高まっていった。そこで，鮎川は，1939年9月，満業単独出資による資本金1億円の満州自動車製造を設立し，安東に一貫自動車製造工場を建設する計画を実施した。鮎川の当初の構想では安東工場建設に際して，第1に日本フォードとの提携を実現して，

フォード本社から技術と資本を導入する，第2にそれが不可能な場合には日本フォードと日産自動車を合同させ，その後，後者の横浜工場の機械設備を安東工場に移設する予定であった。しかし，フォードとの提携交渉は前回の交渉と同様に進捗せず，結局，1940年1月の日米通商航海条約の失効とともに画餅に帰してしまった。そこで，次善の策として，日産自動車横浜工場の満州移転策が浮上した。しかし，横浜工場の移転には今度は日本内地の自動車生産能力の拡充を目指す企画院と商工省が猛反対して，実現不可能になってしまった。その結果，満州自動車製造の安東工場建設は頓挫をきたし，同工場は日産自動車のニッサンの組立工場に転換しなければならなかった。1943年5月，満州自動車製造は同和自動車工業を吸収し，「満州国」における自動車の生産・販売事業を一元化した。しかし，戦局の悪化にともない，日本からの自動車部品の搬入も困難となり，中古車の再生事業に専念せざるを得なかった。

最後に日産自動車の生産実績について言及しておけば，同社の生産体制拡充の眼目であった外国メーカーとの提携がことごとく失敗し，また，鮎川が期待し，その実現に積極的に関与した自動車業界の合同策も実現せず，さらに満業の「満州産業開発5カ年計画」の挫折もあって，1941年の19,688台をピークに下落し始めた（表4-5）。この間，小型車の代名詞となっていたダットサン乗用車は，1938年12月末をもって若干の軍・官庁向けを除いて生産を中止し，以後，主としてニッサントラックの生産に集中しなければならなかった。

太平洋戦争下における日産自動車の生産実績の低下は戦争の長期化と戦局悪化による原材料不足，熟練作業員の相次ぐ招集が主たる原因であったが，それに加えてトップ・マネジメント体制の混乱も大きく影響していた。1939年に創業社長の鮎川は社長職を辞して会長に就任したが，これ以降，45年の敗戦時まで6年間に4人の社長交替があり，取締役以上の役員も頻繁に変わった。その主因は，鮎川が進めた自動車工業界の合同策，外資メーカー提携策，満州における自動車工業育成策について鮎川とトップ・マネジメント，あるいはトップ・マネジメント内部の合意形成が容易ではなく，彼らの間で対立と軋轢がしばしば生じたことにあった。そして同時に，上記の問題解決策と日産自動車の生産不振問題をめぐって商工省，とくに陸軍省との関係悪化がそれに拍車をかけた。そのため，1941年に会長職を退いた鮎川が日産自動車内外の問題

表4-5 日産自動車の生産実績

[日産] (単位：台数)

年度	乗用車	トラック		バス	合計
		（普通）	（小型）		
1934	650	—	290	—	940
35	2,630	—	1,170		3,800
36	2,662	—	3,601		6,163
37	4,068	1,356	4,775	28	10,227
38	4,151	7,943	4,191	306	16,591
39	1,370	12,326	2,665	1,460	17,781
40	1,162	12,899	772	1,092	15,925
41	1,587	17,056	907	138	19,688
42	871	15,974	589		17,434
43	566	9,958	229		10,753
44	9	7,074	—		7,083
45	—	2,001	—		2,001

（出所）宇田川［1998］。

を陣頭指揮して処理するために44年に会長に復帰しなければならなかった[5]（宇田川［1998］）。

おわりに

　鮎川義介の企業家活動は産業開拓者とコンツェルン形成者の二面性を持っていた。産業開拓者として，鮎川は可鍛鋳鉄事業と自動車製造事業の国産化課題に取り組み，大きな実績を残した。そして，後者の自動車事業は日産・満業コンツェルン経営の一環として推進された。鮎川は自動車工業の国産化を実現するためには，同工業の特性である量産量販体制を早期に確立し，「規模の経済性」を図ることが必要不可欠であると考えた。そして，自ら創業した日産自動車をアメリカの自動車メーカーと提携させてアメリカ式の生産販売システムの導入を計画するとともに，同社を中心とする日「満」両国にまたがる自動車工業全体の大合同策を構想し，その実現に向けて努力を傾注したのである。

　しかし，鮎川の自動車工業確立のためのビジネス・モデルは戦時体制の進展

と戦局悪化のなかで自動車業界においても十分な賛同が得られず，また，自動車工業政策をめぐる商工省と陸軍省の対立，鮎川の外資提携計画に対する陸軍の反発もあって，結局，結実しなかった。換言すれば，経済合理主義を基調とする鮎川の自動車工業確立策は戦時体制下の政治・軍事活動の展開によって翻弄され，埋没を余儀なくされたのであった。

その結果，産業開拓者として，鮎川は可鍛鋳鉄事業では見事な成功を収めたが，自動車事業ではその国産化計画の第1ステップである日産自動車の設立のみで満足しなければならなかったのである。

〈注〉

1）当時，三菱商事が委託買付け契約を結んでいた企業のなかで，日産自動車は三菱系企業と陸海軍関係以外では最大のユーザーであり，同社が1933年から38年9月までに買い付けた日産自動車用の工作機械・工具輸入額は3,000万円に達した（沢井［1995］）。
2）日本GMの「日本化」とは，同社株式の51％以上を日本あるいは日本法人に譲渡する意味である。
3）1941年には東京自動車工業も自動車製造事業法の許可会社となった。なお，1936年〜41年の間に日産自動車は自動車製造事業法によって総計105万円の免税措置を受けている（宇田川［2005］）。
4）満業の外資導入計画の挫折については宇田川［1997］を参照。
5）この間，自動車国産化の困難と日産自動車の経営悪化のために，鮎川は日産自動車の三井，三菱，住友財閥への譲渡を画策している（大石［2008］）。

〈参考文献〉

浅原源七［1969］『日記抜萃』No.1，私家版。
阿部武司・大豆生田稔・小風秀雄編［1985］『朝倉毎人日記』第2巻，第3巻，山川出版社。
鮎川義介［1928］『私の体験から気付いた日本の尊き資源』久原鉱業。
岩崎松義［1944］『自動車工業の確立』伊藤書店。
宇田川勝［1974］「日産財閥の自動車産業進出について—日産とGMとの提携交渉を中心に（上・下）」『経営志林』第13巻第4号，第14巻第1号，法政大学。
宇田川勝［1996］「満業コンツェルンをめぐる国際関係」『グノーシス』第6号，法政大学。
宇田川勝［1997］「鮎川義介の産業開拓活動」森川英正・由井常彦編『国際比較・国際関係の経営史』名古屋大学出版会。
宇田川勝［1998］「日産自動車におけるトップ・マネジメントと意思決定過程」『慶應経営論

集』第 15 巻第 2 号．
宇田川勝［2005］「戦前期日産自動車の事業活動に関するデータ・ベース」『イノベーション・マネジメント』No.2，法政大学．
NHK"ドキュメント昭和"取材班編［1986］『ドキュメント昭和(3) アメリカ車上陸を阻止せよ』角川書店．
大石直樹［2008］「戦時期における日産自動車売却交渉と日産重工業の設立」『経営史学会第 44 回全国大会報告集』立教大学．
尾崎政久［1966］『国産自動車史』自研社．
沢井実［1995］「アメリカ製工作機械の輸入と商社活動—1930〜1965」『大阪大学経済学』第 45 巻第 2 号．
自動車工業振興会編・刊［1973］『日本自動車工業史座談会記録集』．
自動車工業振興会編・刊［1975］『日本自動車工業史口述記録集』．
商工省工務局編・刊［1932］『自動車工業確立委員会経過概要』．
長島修［1996］「戦時日本自動車工業の諸側面—日本フォード・日産自動車の提携交渉を中心として」『市史研究　よこはま』第 9 号．
日産自動車株式会社編・刊［1965］『日産自動車三十年史』．
日野自動車工業株式会社編・刊［1982］『日野自動車工業 40 年史』．
和田一夫［1995］「日本における『流れ作業方式』の展開(1) —トヨタ生産方式の理解のために」『経済学編集』第 61 巻第 3 号，東京大学．
和田日出吉［1937］『日産コンツェルン読本』春秋社．

第5章

トヨタ自動車の創業と企業活動
―豊田喜一郎―

四宮　正親

はじめに

　1920年代の半ば，日本で初めて自動車の量産企業が誕生する。1925（大正15）年と1927（昭和2）年にそれぞれ横浜と大阪に設立された日本フォード社と日本ゼネラル・モーターズ社である。それ以前，多くの日本人の手で続けられてきた試作の段階は，両社の設立によって幕を閉じた。換言すれば，両社並みの量産量販の水準を確保できなければ，新たに自動車の生産に乗り出すことはできないということを意味した。外資系企業の設立とその量産量販体制は，自動車産業への参入障壁を格段に高いレベルへと引き上げたのである。いまだ，試作段階の域を出なかった日本企業では，もはや国産自動車の生産は困難であるとの認識も持たれた。

　しかし，前章で取り上げた鮎川義介とならんで，自動車生産に名乗りを上げたのが，豊田喜一郎であった。鮎川が外資系企業との提携を通じて製品・生産技術を習得する道を選択するのとは対照的に，豊田は当時の日本の技術水準を前提に，自主開発の道を歩んでいった。

　本章では，鮎川とは異なるアプローチで国産車開発に進んでいったトヨタ自動車創業者・豊田喜一郎の活動を検討したい[1]。

1 豊田喜一郎の誕生[2]

　豊田佐吉の長男として，1894（明治27）年，父親の郷里である現在の静岡県湖西市に生まれた喜一郎は，発明に情熱を傾けた父親の影響を強く受けて育った。喜一郎が生まれた当時，父・佐吉は事業に没頭して家に居つかないという状況が続いていたため，母親のたみは，喜一郎を生んでしばらくすると実家に帰ってしまった。喜一郎は，祖父母の手で育てられることになったのである。

　喜一郎は，3歳を迎えた頃に父の手元に引き取られ，名古屋市内で生活を始めた。名古屋での喜一郎の生活環境は，大きく変わった。田舎での祖父母との穏やかな生活から，織布工場と住居が一体となった慌しい生活へ，そしてなによりも，継母である躾の厳しい浅子との暮らしが始まった。

　1899年4月，妹の愛子が誕生した。浅子は佐吉の仕事に協力して，家事はもとより工場の経営にも積極的に携わっていた。この頃の佐吉は，工場兼住居で，織布，動力織機の改良と試験，そして，その製造と販売に専念して，1904年には80名ほどの従業員と，名古屋に2つの工場を持つ事業家になっていた。

　喜一郎は，名古屋市立協同関冶尋常小学校から市立高岳尋常小学校に転校，卒業後に県立名古屋師範学校付属高等小学校に進んだ。喜一郎は，両親の共働きと転校を経験して，寂しい時期をおくったように見受けられる。それだけ，喜一郎と5歳年下の妹・愛子は仲のよい兄妹となった。

　喜一郎は，1908年4月，私立明倫中学校に入学した。同校は，旧尾張藩主徳川義礼が設立した，名家の子弟のための

豊田佐吉
（出所）トヨタ自動車提供。

進学校であった。ここで喜一郎は，後の自動車事業に協力する幾人かの人々との出会いを経験した。

　1913（大正2）年に中学校を卒業した喜一郎は，高等教育を受けさせることを希望した母・浅子の考えにしたがい，名古屋の第八高等学校を受験したが失敗する。しかし，翌年には仙台の第二高等学校工科に合格した。そして，家族と遠く離れた土地での生活が始まった。

　1915年10月，愛子の婿養子として児玉利三郎が入籍した。佐吉の取引先の三井物産で，大阪支店綿花部長であった児玉一造の弟との縁組であった。豊田佐吉は，神戸高等商業学校から東京高等商業学校専攻部を経て伊藤忠に勤務する，繊維製品の取引に経験を積んだ利三郎を，自らの後継者として期待していた。また，利三郎も，才色兼ね備えていた愛子との縁組を望んだ。こうして，愛知県立第一高等女学校の4年生であった愛子は，10月に結婚した。利三郎は，喜一郎の10歳年長の妹婿になった。

　1917年9月，喜一郎は二高時代からの友人とともに，東京帝国大学工学部機械工学科に入学した。喜一郎は，大学の近くに下宿して質素な生活をおくった。工学部時代，彼が勉学に励んだ様子は，豊田家に残されたノート類に窺うことができる。機械の運動伝達に関する機構学，原動力に関する熱力学，ほかに工作機械，金属材料，冶金学，電気工学などのノートは，喜一郎の几帳面な字で丁寧にまとめられている[3]。

　喜一郎は3年生のときに関西の神戸製鋼所に実習に出かけている。1919年9月に始まった実習は，鉄道院浜松工場を経て10月と11月の2カ月間，神戸製鋼所で行われた。喜一郎が残した「神戸製鋼所に於ける実習日記」によれば，鋳物の製造と機械の精度測定を実習のテーマとしていた。ただ，実際には機械の精度測定について，施設や用具の不備を理由に工作機械の実習を経験した。そして，旋盤の構造や性能を学んだ。

　神戸製鋼所における実習期間中，喜一郎はほかの製鋼所，造船所，紡績工場も精力的に見学し，なかでも軍用トラック製造の草分けであった大阪砲兵工廠では，自動車工場も見学した。

　座学と実習を通じた実務経験は，喜一郎を大きく成長させた。とりわけ，神戸製鋼所において見聞したストライキによって，企業経営の困難さも現実のも

のとして理解した。翌1920年7月，喜一郎は大学を卒業し工学士となった。卒業論文のタイトルは，「上海紡績工場原動所設計図」であった。工学部を卒業した喜一郎は，法学部に入学して，翌年3月まで憲法，民法，社会学，会計学，商法などの講義を受講している。それは，神戸製鋼所での実習経験から，企業経営者としては，技術のみならず社会や人間に対する深い理解を必要とすることを認識したからであった。そして1921年3月，26歳となった喜一郎は名古屋に帰り，豊田紡織株式会社に勤務することになった。

第一次世界大戦によって，東洋市場を支配していたイギリスの綿糸布輸出は途絶し，日本の紡績・織布業は輸出を拡大させた。輸出主導の織布業の発展によって，代表的な綿織物の産地である大阪の泉南，愛知の知多，静岡の遠州などをはじめとして，手織機に代わって動力織機が普及していった。それは，国内の織機製造業者の繁栄をもたらすことになった。

豊田佐吉の豊田自働織布工場は，研究重視の経営を徹底していた。自動織機の研究には安定した品質の糸の製造から始めなければならないとして紡績業にも進出し，1914年には豊田自働紡織工場に改称した。さらに，大戦ブームに乗じて業容を拡大し，1917年の時点で紡機3万4,000錘，織機1,000台，従業員1,000人を抱える規模にまで成長した。そして，翌年には株式会社に改組して，資本金500万円の豊田紡織株式会社を設立した。

豊田紡織の社長には佐吉が，常務には佐吉の長女・愛子の婿となった利三郎が就任した。株主は，豊田佐吉と浅子夫婦，佐吉の弟である平吉，佐助，父の伊吉，利三郎と愛子夫婦，そして喜一郎といった家族と，三井物産大阪支店長の藤野亀之助や児玉一造など，親しい人たちに限定して自主独立の経営を貫くことにした。

2 喜一郎と自動織機開発

父の豊田佐吉が社長を務める豊田紡織株式会社に入社した喜一郎は，同年，欧米へ紡織業の視察に出かけた。1921（大正10）年7月29日，喜一郎と利三郎・愛子夫妻は，横浜から船で，まずアメリカに向かった。

その後，イギリスに渡った喜一郎は，マンチェスター近郊のオールダムの地

第5章　トヨタ自動車の創業と企業活動

喜一郎と利三郎夫妻
（出所）四宮［2010］。

に下宿して，一人，プラット・ブラザーズ社での工場見学を経験した。1922年1月17日に始まった工場見学は，少なくとも10日ほど続いた。喜一郎はノートに工場の観察記録を詳細にまとめている。喜一郎は，会社側からの説明を鵜呑みにせず，自らの目で工場現場の実態を鋭く観察し，労働者の仕事ぶりに対しては「遊び半分」という内容の厳しい記述を残している。しかし，当時，世界有数の繊維機械メーカーであるプラット社製品の高い品質を支えているのが，丹念なヤスリがけによる部品相互の摺り合わせであることにも，喜一郎は気づかされた。互換性部品にもとづいた大量生産の製品を提供するのではなく，繊維機械の注文主の立地や敷地に合わせて，その場に出向いてプラントとして提供するという方法がとられていることを理解した。

それまでの大学での学習や実習に加えて，世界でも有数の繊維機械メーカー・プラット社での見学と，下宿で続けた自動織機の研究は，喜一郎を織機の技術者として成長させることになった。

豊田紡織での仕事を本格的に始めた喜一郎に対して，豊田佐吉は，喜一郎が紡績企業の経営者になることを期待していた。それは，父親の佐吉自身が，発明家の苦労を知り抜いていたからにほかならない。豊田紡織は，紡績業と織布

業を通じて，自動織機の研究資金を獲得する役割を担っていた。つまり，研究資金を得るための企業経営に，喜一郎の貢献を期待していたのである。

当初の喜一郎は，期待に応えるかたちで紡績事業のさまざまな知識の習得に努力した。しかし，元来，父親譲りで研究熱心であった喜一郎は，イギリスで行った自動織機の研究開発にのめりこんでいくことになった。そして，佐吉の目を盗んで始めた研究も，最後には認められることになった。それは，喜一郎の才能と努力を，佐吉が認めたことを意味した。技術者としての資質に恵まれ，発明に情熱を燃やした喜一郎は，晴れて父親と同じ自動織機の開発の道を進み始めたのである。

開発者として認められた喜一郎の最初の仕事は，かつて，父が開発した「自働杼換装置」の技術的な問題点を解決して実用化することであった。具体的には，緯糸がなくなったことを察知して，自動的に杼換えを行う自動織機の実用化を目指した。そして，1924年「杼換式自動織機」を特許出願し，翌年に認められ登録された。

1926年11月には，豊田自動織機製作所が創設され，自動織機の製造と販売が開始された。社長には妹婿の利三郎が，喜一郎は常務に就任した。当時，第一次世界大戦後の不況のもとで綿業は不振を極め，1929（昭和4）年以降の深夜業の廃止を内容とする工場法の改正が1926年に施行されるという状況もあり，織布部門で生産性を向上させるために，自動織機を導入する動きが高まった。

豊田自動織機製作所は，新たに喜一郎らの研究によって開発されたG型自動織機（杼換式自動織機）の製造に専念した。その際，その後の自動車生産にとってとりわけ重要であったのは，同社が高い精度の加工を要する自動織機を多量に生産するために，「互換性生産の方向に大きく踏み出した」ことであった（和田［2009］）。

3 自動車事業への進出

(1) 技術的困難への挑戦

この頃，かつて喜一郎がイギリスで工場見学を行った，世界的な繊維機械

メーカーであるプラット・ブラザーズ社から，G型自動織機の特許権譲渡の話が持ち込まれ，1929年（昭和4）12月に，同社との間で特許権譲渡契約が結ばれることになった。その内容は，プラット・ブラザーズ社に対して，日本，中国，アメリカを除く国々においてG型自動織機を独占的に製造・販売する権利を与え，その対価として10万ポンドの特許譲渡料を受け取るというものである。かつて教えを受けたプラット社への特許権譲渡は，喜一郎にとって晴れがましい出来事であった。しかし，同時に，繊維機械事業への不安を掻き立てる出来事でもあった。第一次世界大戦後に起こった世界規模の不況は，紡績業を苦境に陥れ，プラット社の繊維機械事業もその影響を受けており，その様相は豊田自動織機の将来を暗示するもののようにも思われた。

なお，プラット社との特許権譲渡交渉のために，9月から米英を訪問した喜一郎の足跡には，不可解なものがあった。アメリカをまず訪問した目的は，紡織業界の視察とG型自動織機のライセンス供与先を探すことであった。しかし，喜一郎は，滞在の時間を惜しむかのように，観光もほどほどにデトロイトのフォード自動車会社や東海岸の有力な工作機械メーカーを見学して，工作機械の研究に時間を費やしている。また，プラット社との契約締結後に，喜一郎が2カ月ほどヨーロッパに滞在した理由として，工作機械メーカーの見学に回っていた可能性も指摘されている。

豊田・プラット協定が結ばれた翌年の1930年1月と10月，利三郎の兄の一造と佐吉があいついで死去した。豊田系事業の始祖である佐吉の死は，当時の紡績業の不況と重ね合わせたとき，1つの時代の終わりを感じさせるものとなった。豊田系事業の責任者であった利三郎は，豊田自動織機の製品に紡績機械を加えて，リスクの分散を図ろうとしていた。しかし，4月に，帰国した喜一郎が思い描いていたのは，繊維機械という範疇を超えたものであった。

のちに，自動車製造事業への進出について，喜一郎はつぎのように述べている。

「先づ自動車工業を完成するには莫大な資本を要し，至難な各部分品の製作技術を克服しなければならないし，練達な組立技術をも掌中に納めなければならない。その原料のみから見ても鋼鉄，鋳鉄，ゴム，硝子，塗料等の広範な工業品に亘り，従って此等工業品がすべて或程度以上に発達してゐなけ

れば、到底自動車工業への着手が覚束ないのです。而も出来上った自動車は、市場に出たその瞬間から、半世紀に近い歴史を持ち、世界的市場を獲得してゐる外国車と一騎打の戦ひを押切つて行かなければならないのです。かうした各様の困難に伴って、経済的犠牲の大なる事も加速して来ます。日本で果して大衆自動車が出来るであらうか？」（豊田［1937a］）。

つまり、喜一郎は自動車工業について、量産量販を基礎とした総合機械工業であるとの認識を示し、彼自身、技術者としてその事業の困難さも理解していた。換言すれば、1930年代初頭の日本で、自動車に必要な原材料、部品は調達できず、これらの課題を、1つひとつ順を追って解決していくほかはないという思いであった。気の遠くなるような多くの課題を前に、喜一郎がひるむことなく自動車製造事業への進出を企図した背景には、「嘗て紡績機械は外国品萬能で内地品を見向きもしなかったものを、此の数年間に全く輸入を止め内地品を尊敬し内地品萬能の時代に至らしめたと同じ経験を繰返す事に依って自動車工業は必ず成立つものと思ひました」という喜一郎の言葉に窺われるように、豊田自動織機製作所の経験があった（豊田［1936］）。喜一郎は、自動車製造事業への進出と自主開発の方向を定め、綿密な準備を開始した。

自動車製造事業への参入を目標に、喜一郎は、1930年5月頃に自動車の調査研究に着手し、不況のなかでの遊休人員を活用してスミス・モーターの試作に乗り出した。そして、1930年の10月にその試作を終えている。当時、二輪や三輪の自転車に、輸入したスミス・モーターを取り付けて、荷物の運搬に活用することが頻繁に行われていた。それだけに、このエンジンの試作の成功は、鋳物の技術に自信を持っていた喜一郎を安心させた。また、1933年8月には、60ccのバイク・モーター10台の試作に成功した。もちろん、バイク・エンジンの試作に成功したからといって、自動車エンジンの量産までには解決しなければならない問題は決して少なくなかった。

喜一郎が自信を持って臨んだはずであったエンジンの製造は、シリンダー・ブロックの鋳造に苦労し、1934年9月になってようやくA型エンジンの試作を終えている。1930年5月頃、自動車に関する調査研究を開始してから、すでに4年以上の歳月が経過し、1934年1月、豊田自動織機製作所が臨時株主総会で自動車事業への進出を正式決定してからでも、半年以上経過していた。

喜一郎が自信を持って臨んだ鋳造作業は，本格的に自動車エンジンの製作にとりかかると，トラブルの連続に見舞われた。豊田英二はつぎのように述べている。

「喜一郎に言わすと，鋳物の塊みたいな自動織機を作っておったから，鋳物はいけると思っていたんですね。ところが，さあやってみると，なかなかうまくいかない。第一，自動織機はもともとが自分たちのオリジナルデザインでしたから，むしろ鋳物がやりやすいように初めからデザインしてしまっている。ところが，エンジンとなるとそうはいかない。いくらやりいいようにやろうと思ったって，エンジンのシリンダブロックなどの場合には，中子のない鋳物ですむ織機みたいなわけにはいかない。なかなかいいものができないわけです。まず，すのない鋳物をつくることから始まるわけですが，それがなかなかうまくいかない。やってみても不良ばっかりできる。そういうことでだいぶ苦労したり，費用をかけたりしました」（日本機械学会［1984］4頁）。

このような苦労を重ねながら，豊田自動織機製作所はエンジン製作の能力を獲得していったのである。

また，自動車技術に精通していた喜一郎は，乗用車の製造に際して，全金属製閉鎖型ボデーの採用を決定したが，豊田自動織機製作所には薄板鋼プレスでのボデー製作技術の経験はなく，あわせて金型，プレス機械への多額の投資が必要とされるという課題を抱えることとなった。この課題に対して，喜一郎は「主なる所はプレスで，後は手細工でやる位にしなくては到底米国其の儘の方法を採用する訳にはゆきません」と述べ，量産段階にない日本に独特の方法を考案する必要性に触れている（豊田［1937b］）。プレスと手細工の組み合わせによって，精度を上げるとともに，資金の節約を図ったのである。事実，高精度の乗用車ボデーの量産には程遠く，1936年に開始された乗用車生産は，1939年まで続けられ，わずか1900台余，全生産台数の2％に止まった。ボデー製作にとって，手たたきの占める役割は非常に大きかった。その結果として，ボデーメーカーがボデーを製作・架装するのが普通であった当時，ボデーを内製する必要のないトラック生産が優先されていくことになった（和田［2009］）。

豊田喜一郎
（出所）トヨタ自動車提供。

　自動車の調査研究を始めた1930年5月以降の喜一郎の行動は，繊維機械の技術者として1931年3月に完成したハイドラフト精紡機の開発にふり向けられる一方で，小型エンジンの研究や試作に追われる日々であった。1934年1月，豊田自動織機製作所は，臨時株主総会を開催して自動車事業進出を正式に決定し，資本金を100万円から300万円に増資し，本格的に全社を挙げて自動車事業への取り組みを始めた。この間，1931年末から32年の前半には，自動車事業への進出について，当初反対であった社長・利三郎の内諾が得られていたと考えられている（和田[1999]）。

　豊田利三郎が喜一郎の自動車製造事業進出計画に理解を示す背景には，「彼（利三郎—引用者）自身の繊維工業の将来性に対する懸念と，軍需に牽引される重化学工業の伸展という日本経済に対する現状分析と中長期的な見通しがあった」からであろう（牧[2011]）。

　また，豊田式織機が自動車事業進出の動きをみせていたことなどが考えられる。当時，名古屋市長の大岩勇夫は，中京地域をアメリカのデトロイトのような自動車製造の中心地にすべく名古屋の有力企業の説得にあたっており，豊田式織機も自動車のエンジン鋳物の製作の面から，自動車製造への模索を行っていた。競争企業である豊田式織機が自動車製作の準備にとりかかったという情報は，喜一郎の自動車事業にかける情熱もあいまって，利三郎の承諾を得るには充分な要因であったと思われる。

(2)　車種選択と自主開発

　喜一郎の自動車事業に進出する準備は，政府の自動車国産化の動きと軌を一にしていた。とりわけ，1933（昭和8）年秋の「自動車部」[4]設置以来，本格化した豊田自動織機製作所の動きは，行政の動向を睨んだものであった。

豊田自動織機製作所に「自動車部」が設置された当時，国内ではフォード，シボレークラスの大衆車よりも小さな小型車分野では，戸畑鋳物がダットサンの製造権を持ち，大きなクラスでは自動車工業が「スミダ」を，東京瓦斯電気工業が「ちよだ」を，そして両社が「商工省標準型式自動車」(1934年7月，商工省標準型式自動車の統一した車名として，「いすゞ」という名称が決定した) を製造していた。しかし，1931年の満州事変で活躍したことにより，その効用を再認識した軍部がもっとも望んだのは，フォード，シボレークラスの大衆車だった。そして，行政の動向も従来の標準車クラスの保護育成から，大衆車クラスの育成の方向で推移していった。喜一郎が，他の国産メーカーが着手していない大衆車生産を選択した真の理由は判明していないが，こうした政府の方針と無縁ではなかったと思われる[5]。

豊田自動織機製作所が「自動車部」を設置したとされる9月から3カ月後の1933年12月22日，戸畑鋳物は自動車工場建設の地鎮祭を行い，26日には日本産業と戸畑鋳物の出資により自動車製造株式会社が設立され，ダットサン，シボレー，フォードの部品の大量生産が企図されている。この動きは，豊田系企業に大きな刺激を与えた。年末の慌しい30日に臨時取締役会が招集され，翌年1月の臨時株主総会で自動車事業を社業に加えることが決定されたのである。

自動車の設計や製造についての知識は，もはや欧米の専門家に限られたものではなく，日本での研究も行われていた。また，喜一郎は，自動織機や紡機の製作によって，自動車製造に必要となる技術者が育ちつつあると考えており，技術者の海外派遣を通じて技術の習得も行う考えであった。ただし，自動車の設計・製造に関するさまざまな知識と技術については，社内だけで調達できるものでもないことは自明であった。そこで，豊田式織機や白楊社から自動車製造の経験者を招聘するとともに，社外の専門家からのアドバイスを得て，新規事業の準備は進められた。先進国の製品をモデルに分解して研究を重ね，試行錯誤を繰り返しながら模倣しつつ，先に述べたように日本の状況に適応するように製品と生産方法に改良を加えていくプロセスをたどったのである。

第4章で述べられているように，日産自動車の鮎川義介は製品技術や生産システムなどを一括買収してダットサンの生産に乗り出し，グラハム・ページ社

との提携を通じて技術と設備を獲得して普通トラックの量産に歩を進めた。この行動と比べてみると，豊田喜一郎の行動は，自主開発に固執したものであった。

製造や販売に関わる多くの経験者たちは，国産大衆車の製造と販売に夢をかけると同時に，国産車確立にかけた喜一郎の人間的な魅力に魅せられていった。喜一郎は，自分の知識の及ばない部分については素直に専門家に支援を求めた。

日産自動車（1934年6月に自動車製造が改称）は，フォード，シボレークラスの大衆車生産を行うという声明を発表して，日本フォード向けの部品製作にもとりかかり，1935年4月には，大量生産方式によるダットサン・セダンの第1号車をライン・オフさせた。こうした動向のなかで，喜一郎と従業員たちは，焦燥感と多くの技術的困難とに悩まされながらも，英米の技術雑誌などの情報を利用して，問題を1つひとつ解決していった。かくして，1935年5月，A1型乗用車第1号試作車が完成し，8月にはG1型トラック試作車が完成した。そして，同月，国産自動車工業の保護と育成を狙った自動車工業法要綱が閣議決定された。

この時期，喜一郎にとっての気がかりは，まだ1台の自動車も販売できていないという実情に対して，豊田系企業の株主や古参従業員など多くの関係者から，不安や不満が高まってきていたということであった。

また，そのような不安や不満を身近でもっともよく理解していたのは利三郎であった。豊田系各社の社長で地元財界の名士でもあった利三郎は，自動車事業への周囲の不満を抑えることによって，喜一郎の理想の実現を支えた。そうした利三郎の行動の背景には，自動車工業法要綱において，日産自動車とともに同社の自動車製造事業に対する助成策が明記されたことが大きく影響していた（和田［2009］）。

(3) 販売体制の整備

1936（昭和11）年6月には刈谷に組立工場を建設し，7月にはA1型を改良したAA型乗用車が，9月にはG1型を改良したGA型トラックが発表され，乗用車とトラックの生産モデルが出揃った。喜一郎は，この年の5月に公布さ

第5章　トヨタ自動車の創業と企業活動　127

トヨダ AA 型乗用車
（出所）トヨタ博物館［1996］。

れ，7月に施行される自動車製造事業法を睨みつつ，前年から G1 型トラックによる実績作りを行っていた。こうした喜一郎の努力が結実して，9月，豊田自動織機製作所は，日産自動車とともに自動車製造事業法の許可会社に指定された[6]。なお，この許可会社には，5年間にわたり所得税，営業収益税，地方税と自動車製造に必要な機械，器具，材料等の輸入関税の免除，増資，起債に対する商法の特例が認められた。

　ただし，喜一郎は，許可会社に指定されたことを手放しで喜んでいたわけではない。むしろ，自由競争の信奉者であった喜一郎は，政府の庇護のもとに入ることを歓迎せず，許可会社として国家の求める国産車を外国車よりも安価に高品質で製作できるか，政府の保護のもとで競争力がつかない事態になりはしないかなど，その問題点を危惧していた。ただし，自動車事業の立ち上がりの困難さを少しでも軽減できるならば，政府の庇護も利用するという現実的な面もあわせ持っていた。

喜一郎は，この当時，すでに自動車産業にとって不可欠な量販体制の確立を指向している。1936年4月，喜一郎は，販売店経営者に対して自動車事業の基本方針について説明を行い，販売の組織化に乗り出した。技術者でありながら，販売の重要性について喜一郎はよく理解していたのである。

　喜一郎にマーケティング・センスを吹き込んだのは，彼の懇請によって日本ゼネラル・モーターズ（GM）販売広告部長から転籍した神谷正太郎であった。神谷は，1935年の秋，喜一郎からつぎのような相談を受けたと述懐する。

　「私は，父の遺業を継いで何とか大衆自動車をものにしたいと考えている。私は技術者だから，自動車をつくることにかけては，どんな苦労をしても，やってみせる自信がある。しかし自動車は，つくるだけでは駄目だ。いくらよい自動車をつくっても，これを売りさばく強力な販売手段がなければ，成功は望めないと思う。ところで大衆自動車を販売すると言うことになれば，どうしても，範をアメリカに求めることになろうが，これは私の手ではできない。そこで，製造のほうは私が責任をもってやるから，君は一つ，販売の方を一切引き受けてやってくれないか」（神谷［1955］）。

　1935年10月，豊田自動織機製作所に入社した神谷は，同じく日本GM出身の花崎鹿之助，加藤誠之とともに，販売店の設置に乗り出した。神谷は，日本GMのディーラーを説得して，トヨタのディーラーに鞍替えさせていくことに成功した。また神谷は，喜一郎に「自動車のような高額商品の量販には月賦販売が不可欠であり，それを行う機関をもつ必要がある」と進言し，12カ月の月賦を行う販売金融会社として，1936年10月，トヨタ金融株式会社を設立した。外資系企業が，潜在的な需要の開拓に大きな実績をつくっていた販売金融方式を採用したのである（神谷［1974］）。

4 自動車事業の確立

(1) 大量生産体制への胎動

　自動車製造に乗り出した喜一郎の現実的な側面を裏づける点として，彼が小型自動車製造にも関与していた点が指摘されている。当時，成長を続けていた自動車市場は，小型車の分野であった。現実的な経営者であった喜一郎は，小

型車にも関与しつつ大衆車というリスクをとったことになる。

　1931（昭和6）年，小型トラックの製造を開始した京三製作所は，同社が中心となって1937年6月に設立した京豊自動車工業に，同年12月，小型車（750cc，4分の3トン積み四輪トラック）と部品の製造を移管した。この京豊自動車工業には，設立時から喜一郎が取締役に名を連ねた。トヨタ自動車工業設立の2カ月前の出来事である。

　1937年8月，トヨタ自動車工業の創立総会が開催され，9月には豊田自動織機製作所から自動車事業が譲渡された。喜一郎は自らトヨタ自工の設立趣意書をまとめ，経営組織の整備も手がけている。社内組織を明確にして，各部の目的と所管事項を明文化するとともに，職位の設定や職務権限にいたるまで自らの手で書き起こしている。数千種類，数万点の部品の集大成としての自動車の製造は，分業とそれにもとづいた協業を抜きには考えられず，組織づくりが重要であることを喜一郎は熟知していたのである。

　なかでも，特筆すべきは研究部の存在であった。研究部は東京におかれ，それぞれの技術の専門家を顧問や嘱託として招聘し，自主性を尊重した研究活動を可能にした。まさに，目先の利益とは無関係に，将来への備えとして設けられた部門であった。これは経営者であると同時に技術者でもある喜一郎の想いを具現化したものであった。

　さらに，1938年の初夏，挙母工場の竣工を前に，喜一郎は雑誌記者のインタビューに応えて，つぎのように述べている。

　「自動車工業の場合に於ては，質のみならず量に於ても材料が非常に重要な役割を持って居ります。部分品の種別だけでも二，三千種に及びますが，之について其等の材料や部分品の準備やストックはよく考へてやらないと，徒に資本を要し，完成車の数が少くなります。私は之を『過不足なき様』換言すれば所定の製産に対して余分の労力と時間の過剰を出さない様にする事を第一に考へて居ります。無駄と過剰のない事。部分品が移動し循環してゆくに就て『待たせたり』しない事。『ジャスト，インタイム』に各部分品が整へられる事が大切だと思ひます。これが能率向上の第一義と思ひます。甲の部分品が早く出来すぎて，過多に用意されてゐる事は，乙の部分品が遅すぎて過少に準備されてゐる事になります。一本のボルトやナットに及ぶま

で凡に『丁度適時に間に合うやうに』之が連絡上の最大関心事です」(「豊田氏理想を語る」『モーター』1938年7月，和田［1999］254頁）。

「必要なときに，必要なものを，必要なだけ」というジャスト・イン・タイムの考え方を，記者に披瀝したのである。

1939年3月，挙母工場が本格的に稼動を開始した。トヨタにおける本格的な大量生産への歩みが始まったのである。喜一郎は，先にみたような鋳造技術に対する自信と同様に，自動織機生産の経験を背景に大量生産のライン編成についても，強い自信をみせていた（豊田［1937c］）。ラインに設置する機械については，日米間の生産量の違いによる採算性を考慮して，「完全な専用機械を数多く工程順に並べて効率を追求するのではなく，汎用機械に多少の手を加えて専用機械的に使用するものを多く設置し」，「工程数さえも少なくして機械の使用台数を削減しようとした」（和田［2009］）。

挙母工場での生産が始まると，喜一郎は自動車の品質問題に頭を悩ませることになった。時局を反映して，商工省が急激な増産を指示したことがその要因であった。本来予定されていた乗用車の生産を月産200台から徐々に増加させていくという計画は，トラックとバスの生産を優先させる計画に変更を余儀なくされ，しかも，早い段階で月産2,000台の実現が求められたのである。一足飛びの量産段階への移行が，品質問題を引き起こした。喜一郎は，品質の改善に最大の努力を払った。社内の各部門の問題点を洗い直して，品質に直接関係する部署を喜一郎が自ら担当し，材質や設計，製造の方法にまでさかのぼって品質の改善を図った。また，コスト低減を目指して，ジャスト・イン・タイム生産の模索を始めた。この頃，喜一郎はトヨタ車の価格を引き下げて，外国車との競争を現実のものにしようという努力を続けていた。さらに，品質の向上とコストの削減を目指して，内製と外注の見直しにも着手した。

喜一郎は，量産の過程で材料の重要性に改めて気づかされた。鋼材の品質の不安定さが外注部品の問題とあいまって，生産の流れによどみを生むと同時に，自動車の品質に問題を生じさせているとの認識は，喜一郎に鋼材の内製を決断させている。豊田自動織機製作所は，1939年8月，愛知県知多郡で製鋼工場の建設を始めた。喜一郎が自動車の量産段階で必要に感じた「機械加工の容易さ」と「高い耐久性」を持つ鋼材の自社製造に乗り出したのである。さら

に，国内外の工作機械メーカーからの入手が困難になると，工作機械の自社生産も始めざるを得なくなった。こうした状況のもと，1941年，喜一郎はトヨタ自動車工業の社長に就任している。

この間，1939年12月，トヨタ・日産・フォード間の合弁企業設立交渉が行われた。軍部の介入で実現にはいたらなかったが，喜一郎は自ら研究・製造の経験を積み，学習能力を高めたうえで，海外の先進技術を導入することを厭わなかった。それが，国産自動車事業の確立に賭けた喜一郎の考えであり，社長の利三郎にとっても，国産車の品質を向上させるうえで，海外の技術は，喉から手が出るほど欲しいものであった[7]。

上にみたように，この時期のトヨタは，材料問題の解決と，ジャスト・イン・タイム生産を目指した「生産の流れ化」の確保に苦慮していた。一方で，次に述べるような販売から配給への転換は，大量生産の前提をなす大量販売のための企業努力を不要としたのである。

(2) 戦時統制の進展と戦後復旧

1937 (昭和12) 年，日中戦争が勃発した。それにより，自動車産業を取り巻く環境は大きく変化した。具体的には，軍部や軍需産業に重点的にトラックを配分することが自動車産業に求められたのである。翌年，軍用トラックを増産させるための措置として，乗用車の生産制限と小型乗用車の生産中止が商工大臣によって通達され，39年5月になると，乗用車販売は商工大臣の承認を必要とすることになった。

その後も統制は強化され，10月には国家総動員法にもとづく価格統制令により9月18日現在の価格で自動車・部品の価格は停止価格とされ，41年3月商工省告示により統制価格は改めて定められた。また，1940年6月には，トヨタと日産あてに商工省機械局長から通達があり，大型トラックとバスに対する配給統制が強化された。これによって，購入希望者は，地方の警察の承認を受けて販売店に購入を申し込み，販売店の調査を経てはじめてメーカーに配車が申請されるという手続きが必要になった。しかも，商工省が内示する四半期ごとの需要先別配給予定数量を考慮したうえで，商工大臣の承認を必要としたため，一般の注文に応じられる可能性はきわめて低いものとなった。

1941年には，自動車の生産と配給に対する統制を強化するために自動車統制会が発足した。統制会は各産業別に設立され，生産計画，原材料計画，配給計画の各設定と遂行，企業の整備，規格統一や能率の増進，会員事業に関する監査などの事業を政府の監督のもとに統括しようとするものである。統制会は，企業を会員として，政府が会長を任命した。自動車統制会の会員には，トヨタ自動車工業，日産自動車，ヂーゼル自動車工業，川崎車両，日本内燃機，車輪工業の完成車，特殊軍用車，部品メーカー合わせて6社が名を連ねた。会長には，軍部出身でヂーゼル自動車工業社長の鈴木重康が就任し，豊田喜一郎も評議員として役員に名を連ねた。

　自動車統制会は，発足後まもなく，自動車と部品の配給機構について検討して試案を作成している（四宮［2005］）。そして，商工省，企画院，陸海軍など関係各省との調整を経て，1942年6月5日商工省企画局長から「自動車および部分品配給統制機構整備要綱」が通達された。これにもとづいて，7月10日，日本自動車配給株式会社（以下，日配と略す。資本金1,000万円の内訳は，トヨタ，日産，ヂーゼルが各200万円，部品工業組合，協力者団体が各100万円，各地の自動車配給会社とその他で200万円）が設立され，中央における一手買取配給の仕組みがスタートした。社長には，日産出身で自動車統制会理事・配給部長の朝倉毎人が就任した。なお，トヨタからは常務取締役に神谷正太郎，監査役に豊田喜一郎が就任している。

　また，中央の買取配給機関である日配の設立と並んで，のちの各都道府県に下部組織として自動車配給会社（以下，自配と略す）が設立された。つまり，各メーカーの系列販売店は，各都道府県別に自配に統合されることになった。もちろん，メーカーも系列のディーラーも，呉越同舟となる合同に賛成したわけではなかったが，時局の要請に抗えるべくもなく，自動車人として将来に期待する想いのもとに国策に協力したのである（四宮［2005］）。

　のちの各都道府県別に生まれた自配は，トヨタと日産系ディーラーがそれぞれ3，ヂーゼル系のディーラーと部品商がそれぞれ2の割合で資本を負担した。そして，自動車統制会の傘下に位置する日配と自配は，メーカーが直接軍部に納車した残りの自動車を民間に配給する役割を担った。

　第二次世界大戦の進展にともない，さらなる統制の強化を目指して，1943

年10月に軍需会社法が公布された。同法は，軍需生産の拡大を目的とし，それに必要な会社を指定して，直接統制を加えるものであった。従来の統制会を通じた間接的な統制の持つ限界を打破することを目指した。具体的には，従来から行われていた陸海軍監督官の軍需工場への常駐に加えて，軍需会社法に指定された会社の社長は，生産責任者に任命され，全社的に軍需生産に励むことが求められた。また，同法には，生産責任者制のほかに，企業への国家の直接介入，従来の統制法規からの企業活動の解除などが規定されており，国家の戦争遂行への強い意思の反映となっていた。

1944年，トヨタ自動車工業が軍需会社に指定されて，陸軍の監督下におかれると，自由経済を信奉する喜一郎は工場から距離をおくようになった。しかし，喜一郎の満たされない日々は，敗戦によって終わりを告げる。1945年11月，喜一郎は，自動車統制会に代わって自動車業界の自主的な統括団体として設立された自動車協議会の会長に就任したのである。そして，GHQと自動車工業の戦後復興についての折衝を行った。

また，戦時中の自動車配給組織であった日本自動車配給会社と都道府県別の自動車配給会社が解体され，以前のメーカー別の販売会社に復帰していく動きのなかで，1946年5月，喜一郎はいち早く各都道府県の配給会社の代表者を挙母に招待して懇談した。その席上，喜一郎は「自動車工業の現状とトヨタ自動車の進路」と題する講演を行い，トヨタの方針を説明した。その演説のなかで，「恐らく戦前の様にトヨタ特約販売会社も逐次設立せられて斯うした販売機関が第一線的使命を遂行してゆくやうになると思ひます」との見通しを示した（豊田［1946］）。戦後の再スタートを切るうえで，喜一郎はいち早く販売網の整備についての目配りをしたのである。

その後も，販売会議で喜一郎が所信を発表した際，「如何に製品が良くても販売出来得ぬ事態がある事を想えば販売は生産よりも困難なこと」であるとの認識を示し，「生産と販売とが一心同体的に協力する事が必要なこと」であると述べている（豊田［1949］）。

戦後，統制経済から自由経済への移行が進むなかで，喜一郎は新たな課題に直面していることを認識していた。喜一郎が認める「極端な統制経済時代では，われわれ自動車製造業者は只単に自動車を生産しさえすれば良かれ悪しか

れ販売されたのであり，生産と販売とは特別の連繋をさえ必要としなかった程である」という状況は，「実力に依るのでなければ製品は消化されず，従って製造業者の生存も許されない」という状況に大きく様変わりしつつあった（豊田［1949］）。つまり，コストと品質の点で競争力のある製品づくりが，喫緊の課題であることを自覚したのである。したがって，そのためにもっとも必要とされるのが，生産と販売の密接な協力であった。

それについて喜一郎は，敗戦後の早い段階で，つぎのような言葉を残している。

「製作者から申しますと，自動車の市場状況——換言すれば社会に於て我々の作った車が如何様な性能を発揮しつゝあるかは，直接使用家から我々に導入せられるのでなく，車の販売機関を通じて知るのでありますから，今後は益々斯うした機関と密接な連絡を取り販売機関の希望や申入や意見等を十分に反映して車の改良を早めてゆき度いと思ひます」（豊田［1946］）。

ようやく戦後の生産が立ち上がりをみせ始めたころ，1949年のドッヂ・ラインは，トヨタ自動車工業に大きな動揺を与えた。超緊縮財政は，回復の兆しを見せつつあった自動車産業を直撃し，需要の激減と資金繰りの悪化をもたらした。こうした状況のもと，従業員の解雇を巡る労使間の緊張のなかで，喜一郎は体調に異常をきたした。そして，1950年6月，争議の責任を取って社長を辞任した。

喜一郎が脳溢血で死去したのは，2年後の1952年3月，まだ57歳の若さだった。喜一郎は，日本の自動車産業が確立する姿を目にすることなく，この世を去った。この間，喜一郎の後任として社長に就任したのは，豊田自動織機製作所取締役社長の石田退三であった。石田は，社長就任直後の挨拶で，会社の業績が好転したときには，再度，創業者である豊田喜一郎を社長に迎えたいとの意向を表明したが，それが実現することはなかった。

喜一郎が目標とした本格的な国産大衆乗用車トヨペット・クラウンが発売されたのは，1955年1月のことであった。

おわりに

　第4章で明らかにされたように，日産自動車の創業者・鮎川義介は，外国企業との提携を通じて，大衆車の製品・生産技術の取得に注力した。同時に，日産自動車を核に自動車産業をも支配するという野心を隠さなかった。それは，規模の経済性を達成するために，鮎川にとって必要なプロセスであった。しかし，日「満」両国にまたがるコンツェルンの形成を前提としたその戦略が，政治・軍事活動によって翻弄され，鮎川の自動車工業確立策は埋没を余儀なくされたのである。

　一方，トヨタ自動車の創業者・豊田喜一郎は，総合産業としての自動車工業の特質を理解し，自動車製造事業の困難さも認識していた。しかし，鮎川とは異なり，原材料や部品の製造から完成車の組立にいたる遠い道程を，あえて進んでいく道を選択した。アメリカ的な大量生産方式がわが国の国情に沿うものではなく，それを移植することよりも「思ヒ切ッテ外国人ニタヨリ，外国流ニスルコトヲサケ」る方向に進んだ（豊田［1937c］）。そこには，繊維機械で輸入代替を達成することに成功した技術者の自負が窺われる。鮎川とは異なり，自社レベルで漸進的に規模の経済を実現する道を追求したのである。

　喜一郎は，国産大衆乗用車の製造について，まず技術的にその可能性を見極め，ついでそのビジネス・モデルの完成度を確認しながら，着実に歩を進めた。そのプロセスにおいて，豊田系企業の責任者であった義兄・利三郎との関係に配慮しグループ企業からの支援もとりつけた。

　また，生産，販売の技術やノウハウの点では，当該分野の専門家を巻き込むかたちで課題を乗り越えていった。それら一連の喜一郎の行動は，ともに時間と場を共有し，喜一郎の自動車事業にかけた精神を受け継いだ多くの人材を生み出した。そして，そのなかから，次章でみるような戦後のトヨタを支える人々が登場することになる。

　最後に，大量生産ラインの編成について，鮎川と喜一郎の比較を行った技術史家の中岡哲郎のことばを引いておこう。

　「大量生産ラインは単なる流れ作業ラインではなく，厖大な数の高度な専

用機を流れ作業的に編成したシステムで…（中略）…その専用機に必要な金額と技術が集積して，資本の壁と技術の壁の主要部分を形成している。日産の鮎川は，アメリカの中堅会社がその技術を集中して編成したラインの設備一式を，その企業の倒産に乗じて，スクラップ価格プラスアルファで買い取る方法で二つの壁をクリアした。対照的に豊田喜一郎は核心的部分では新品の専用機をどんどん輸入している。ただ彼は段取りと治工具（同一の加工の繰返しを高速かつ正確に行うために加工機にとりつける補助具）を工夫して，専用機の使用はもっとも核心的な部分にとどめ，他の部分ではできるだけ人間の労働と安い機械の組み合せで必要な加工が行われているようなライン編成で二つの壁をクリアしようとしたのである」（中岡［1999］103～104頁）。

〈注〉

1) 本章は，創業期におけるトヨタの大量生産体制の完成度について分析することを課題としていない。それについては，和田［2009］を参照のこと。
2) 豊田喜一郎の生涯に関わる記述は，とくに断らない限り由井・和田［2001］に依拠した。
3) 豊田喜一郎が残したノート類は，愛知県豊田市のトヨタ鞍ケ池記念館において閲覧することができる。
4) 自動車部という部署が，正式に豊田自動織機製作所に設置されたという記録はない。和田一夫「豊田喜一郎による自動車事業の創出」（和田［1999］1～31頁）によれば，「喜一郎と利三郎との間で（資金面での協力を含めて）自動車事業への進出について最終的な合意に達したことが『自動車部設置』という表現で象徴されてきた」という。したがって，自動車部という用語を用いる際には括弧を付す。
5) 豊田喜一郎が大衆車生産を選択したのは，当時の消費者ニーズにもっとも沿った製品であったことはもちろん，何よりもフォード，シボレーの補修部品の入手が容易であるとの認識があったからと思われる。
6) 自動車製造事業法の許可会社への申請に際して，商工省に提出された資料では，豊田自動織機製作所は「技術的方面ハ過去参年間ニ或ル程度マデ研究済ミニテ将来外国車ニ対抗シ得ル優秀ナルモノヲ作リ得ル自信ヲ得タリ」という報告を行い，その自信のほどを披瀝している（「自動車工業法案許可申請ニ就テ」昭和11（1936）年6月『自動車工業（特別資料）』小金義照氏寄贈・商工政策史編纂室資料）。
7) 豊田喜一郎は，提携交渉の破断後，「日本の自動車工業の現状を知らずしていたづらに

第5章　トヨタ自動車の創業と企業活動　137

世間の云はるゝ事を元として，国策を変更するが如き事を当局者がとられた後に於て，我々が何と云うてもおひつかない」という感想を漏らしており，商工省主導の交渉にあまり乗り気でなかったことを窺わせている（「国産自動車は完全なものが出来るか」昭和15 (1940) 年4月，和田［1999］357～358頁）。商工省の指示のもとで交渉に入った段階では，提携のメリットを最大限活用して，トヨタの国産車確立計画を推進させる方が得策であるとの判断が働いていたと思われる。

〈参考文献〉

神谷正太郎［1955］「国産車販売二十年」尾崎政久『自動車販売王―神谷正太郎伝』自研社，1959年，246～265頁。
神谷正太郎［1974］「私の履歴書」日本経済新聞社編・刊『私の履歴書　経済人15』1981年，377～452頁。
四宮正親［2005］「戦時経済と自動車流通―日配・自配一元化案をめぐって」龍谷大学社会科学研究所編『戦時期日本の企業経営』文眞堂。
四宮正親［2010］『国産自立の自動車産業』芙蓉書房出版。
豊田喜一郎［1936］「トヨタ自動車一周年を迎へて」『トヨタニュース』第十号，11月21日（和田［1999］105～106頁）。
豊田喜一郎［1937a］「トヨタ自動車の出現より現在の躍進まで」『名古屋新聞』5月26日。
豊田喜一郎［1937b］「トヨタ自動車の基礎工事」加藤誠之編『トヨタ自動車躍進譜』豊田自動織機製作所自動車部（和田［1999］121～138頁）。
豊田喜一郎［1937c］「自動車製造部拡張趣意書」この文書は，1937年春頃の執筆と推定されている。和田［1999］194～203頁。
豊田喜一郎［1946］「自動車工業の現状とトヨタ自動車の進路」和田［1999］485～508頁。
豊田喜一郎［1949］「国産自動車の進路」『流線型』第9巻第5号，6月（和田［1999］517～520頁）。
トヨタ自動車株式会社編・刊［1987］『創造限りなく　トヨタ自動車50年史』。
トヨタ博物館［1996］『トヨダAA型乗用車』。
中岡哲郎［1999］『自動車が走った　技術と日本人』朝日新聞社。
日本機械学会［1984］『日本機械学会誌』第87巻第792号。
牧幸輝［2011］「豊田利三郎と豊田業団―経営構想，企業家ネットワークと同族経営体制」『経営史学』第46巻第2号。
由井常彦・和田一夫［2001］『豊田喜一郎伝』トヨタ自動車。
和田一夫編［1999］『豊田喜一郎文書集成』名古屋大学出版会。
和田一夫［2009］『ものづくりの寓話』名古屋大学出版会。
Cusumano, M. A. [1985] *The Japanese Automobile Industry: Technology and Management at Nissan and Toyota*, Harvard University Press.

第3部
自動車産業の発展

第6章

トヨタの経営発展
—神谷正太郎・大野耐一・豊田英二—

四宮　正親

■ はじめに

　第二次世界大戦後，日本の自動車産業の存在意義はきわめて不安定なものであった。戦前，日本フォード社，日本 GM 社の製品に市場を席巻され，両社が撤退した戦時期には軍用トラックの生産に専念せざるを得なかった日本の自動車会社は，戦後になると乗用車の製品・生産技術を獲得することに注力した。技術をはじめとした資源の乏しい日本で，自動車産業を確立していくことの難しさは，素人の目にも明らかであった。品質・性能・価格の面で高い国際競争力を持つ外国車の使用を，当時，乗用車の主なユーザーであったタクシーやハイヤーなどの運輸業者も支持していた。

　1950（昭和25）年，一万田尚登日本銀行総裁は，「国際分業の時代にあって，日本で自動車工業を育成しようとすることは意味がない。価格・品質ともに優れたアメリカから輸入すればよい」という内容の発言をし，当時の自動車産業をめぐる雰囲気を伝えている。

　しかし，1980年には，日本自動車産業の生産台数は1,100万台を記録し，世界第一の自動車生産国になった。また，生産台数のうち54％を輸出に依存する自動車輸出大国に成長した。一万田発言から30年の間，日本の自動車産業において激しい競争が繰り広げられ，そこには多くの革新が生み出された。国内での激しい競争は革新を生み，日本自動車産業の国際競争力を強化したので

ある。そして，競争と革新の核を握ったのが，販売・生産の両面で新しいモデルをつくりあげた業界のリーダー・トヨタである。

そこで本章では，自動車産業政策の推移と業界の動向にも配慮しつつ，トヨタの戦後経営についてみていきたい。その際，トヨタ自動車工業の草創期，創業者・豊田喜一郎とともに国産車の開発・生産と販売に注力し，彼の国産車開発にかけた情熱を継承して，戦後におけるトヨタの目覚ましい発展に貢献した神谷正太郎，大野耐一，豊田英二の3人に焦点を当てて，戦後のトヨタについて検討することにしたい[1]。

1 神谷正太郎

(1) トヨタ自動車販売の設立

戦後，日本経済の不健全体質を払拭する目的で採用されたドッヂ・ラインは，超均衡予算の実現を目指し，復興金融公庫融資の停止，価格差補給金の整理により，物価と賃金の安定を図った。その結果，インフレは収束し，物価は安定基調に入った。

しかし，事実上，補助金と商品別の為替レートに守られていた日本企業にとっては，その後の為替レートの固定化（1ドル＝360円）とあいまって，ドッヂ・ラインは大きな打撃となった。それまでの商品別の為替レートに比べて，輸出品の大幅な円の切り上げ，輸入品の切り下げを余儀なくされた。従来の円建て価格では，輸出品のドル建て価格が値上がりするため，輸出数量を減らさないように，円建て価格の値下げの必要に迫られた。他方，輸入品は値上がりし，「製品安の原料高」が進むなかで，産業界には合理化の嵐が吹いた。製品価格が下落しても需要は振るわず，原燃料価格は高騰し，いわゆるドッヂ不況が訪れた。

不況のなかで，企業倒産が続出した。1949（昭和24）年の1年間だけで8,000件を超える倒産が起きており，トヨタ自動車工業もその例外ではありえなかった。販売不振と売掛金回収の遅れにより資金繰りが悪化し，49年末には，およそ2億円の年末資金調達が存亡の岐路となっていた。しかし，日本銀行によって，トヨタはこの危機から救われる。

中京地区産業界に及ぼすトヨタの影響の大きさを考慮した日本銀行名古屋支店の介入により，緊急融資シンジケートがつくられ，危機は回避された。ただし，シンジケートが提示した再建構想には，販売会社の分離案が盛り込まれていた。それは，販売会社が売れる台数だけ製造会社が生産する，という考え方にもとづくものであった。この案をトヨタは受け入れ，1950年4月，トヨタ自動車販売株式会社が創設された。

　制限会社に指定されていたトヨタ自動車工業は，会社・役員・従業員の新会社への出資を禁止されていた。そのため，神谷正太郎個人の資格で資本金が集められ，トヨタ自動車工業からは，358名の社員と商標の使用権などを譲り受けた。

　トヨタ自動車販売の設立後，神谷正太郎は，同社を銀行団の示した単なる販売・金融会社としてだけではなく，ディーラーの管理を含めた，トヨタのトータル・マーケティングを遂行する主体として育んでいった。その神谷がまず取り組んだのは，資金の調達に道を開くことであった。当時の自動車に対するユーザーの認識は，国産車よりも低価格，高品質を実現している輸入車を利用したほうが経済的である，というものであった。また，トヨタ自動車工業ですら，存亡の危機を脱したばかりといった状況であったから，資金の調達は最優先の課題であった。

　神谷は，ユーザー振り出しの月賦手形を担保にして，見返り融資を受けることで資金の調達を図ろうとした。産業金融偏重で商業金融にはまだなじみのなかった当時にあって，金融機関の協力を得るまでには苦労したが，資金調達力は，この成功によって大幅に向上した。また，このシステムの確立が，トヨタ自動車工業を資金繰りの煩わしさから解放することになった。

(2) トヨタ自動車販売の革新性

　1950年，アメリカの自動車販売の実情を視察した神谷は，流通販売システムの近代化を促進させて，信頼される産業としての基盤を整備していった。神谷は，GMの標準ディーラー経営法を教科書にして，ディーラーの財務管理，債権債務管理，在庫管理にも新しいシステムを導入していった。また，在庫情報を中心とするディーラーの情報管理を推進して，自工・自販・ディーラーに

よる緊密な連絡体制を築いていった。

　神谷は，戦前の日本GM時代に経験した，メーカーとディーラーのあまりにもドライな関係に疑問を抱いていた。そこで，トヨタの販売網設立に際しては，両者の関係に「日本的情緒と相互理解と協力の精神といった人間的要素」を持ち込み，情緒的な結びつきが強い日本の取引慣行や業者間関係を尊重する方法をとった。また，こうした人間的な要素の重視と緊密な連携は，その後のメーカーによるディーラーの系列化などを形成していくうえで，重要な骨格となっていった（下川［1976］）。

　神谷は，つぎつぎに新機軸を打ち出し，自動車の流通販売をより洗練されたかたちに変革していった。1953年には，大学新卒者をセールスマンに採用して，自動車販売の社会的威信の向上に努力した。また，57年には，定価販売制を採用した。これは，従来，店頭価格が販売店やセールスマンの裁量に任されており，水増し価格やプレミアム付き販売などにより自動車販売の信用が低下していたため，それを防止する目的で実施された。他方，潜在的な需要を開拓・育成するための先行投資として，自動車学校や自動車整備学校の開設が進められた。そして，免許取得者の増加と販売促進に大きな効果をあげた。

　さらに，高度成長期のモータリゼーションのもとで，大量販売が軌道に乗るにつれて，従来の1県1販売店制から複数販売店制（各県のテリトリーに車種ごとに複数のディーラーを設置する方法）に転換が進んで，その後の5系列の原型がつくりあげられた。そして，この方法は，トヨタの販売力の増強につながったばかりでなく，市場を細分化して，各対象市場に効果的に商品を投入していくことを可能にしていった。

　系列化されたディーラー網においては，アメリカのようなショールーム販売の手法よりも，学卒セールスマンによる訪問セールスの手法が定着していった。それは，セールスマンの人件費が高く，人口密度が低い地域もあって訪問販売が適切ではなく，ユーザーが来店して交渉するという商慣習をつくりあげてきたアメリカと異なり，セールスマンとの人間的つながりを基礎に，登録，車検手続き，保険の手続き，事故処理，修理やメンテナンスサービスなど，さまざまなサービスをパッケージにして行うという特徴を生み出すことになった。そして，ユーザーを多くの煩わしい手続きから解放したこの手法は，その

ユーザーからもっとも歓迎された。

　自動車会社は，1960年代に市場の大きな変化に見舞われた。従来のハイヤーやタクシーに中心をおいた営業用から，60年前後の法人の自家用という用途をはさんで，個人の自家用という用途が大きな位置を占めるようになっていった。そして，こうした需要構造の変化をリードしたのが，トヨタであった。

　トヨタ自動車工業は，創業者・豊田喜一郎の大衆乗用車構想を受け継いだ豊田英二のもとで，60年代初めには700ccのエントリーカー，パブリカを投入した。さらに，パブリカでトヨタのユーザーになった免許取得者をアップ・グレーディングさせるための上級車の商品ラインも充実させていった。

　パブリカは，1961年から新たにディーラー網を展開して，大衆車市場を積極的に開拓していった。また，1967年には，第二の大衆車店としてトヨタオート店が創設されて，大衆車の量販体制がつくりあげられた。個人の自家用として急拡大する需要の変化に対して，神谷は，パブリカ店の設置にあたり，大府県には複数の専門店をおいて，同一地区で同一車種を併売する本格的な複数販売店制の採用に踏み切った。彼は，「一升のマスには一升の水しか入らない。二升，三升の水を入れるためには，マスの数を増やさねばならない」と述べて，複数販売店制採用の意義を説明している（トヨタ自動車販売編 [1962]）。

　トヨタにおける対ディーラー策は，日産とは異なり，1950年代から一貫して投資と役員派遣には踏み込まず，あくまで地元資本を尊重しながら，必要に応じて融資によって支援する，という態度に終始してきた[2]。これが，「一にユーザー，二にディーラー，三にメーカー」という神谷の理念と符合するものであり，こうした理念に支えられた車種別の専売制という手法が見事に成功した。「地元の有力な資本と人材を集め，一県一店ずつの販売店を設立，フランチャイズ・システムを採用する。メーカーは資本的にも人的にも直接販売店の経営には参加しない」という基本的な方針のもと，ディーラー企業家の自律的な活動によって，トヨタは良好なパフォーマンスを達成することに成功した（トヨタ自動車販売編 [1980]）。

　自動車は高価な耐久消費財であり，きめ細かいサービスが求められる。そこには，従来の流通機構では対処できない要素が多く含まれていた。そこで，新

表6-1 トヨタの販売店数の推移

	トヨタ店	トヨペット店	ディーゼル店	カローラ店	オート店
1938年	29				
1955年	49	1			
1960年	49	51	9		
1965年	49	53	11	69	
1970年	49	52	4	84	62
1975年	50	51	2	82	67

(出所) トヨタ自動車編 [1987]。

たに出現したこの高額商品を認知してもらうために，さまざまな販売促進策が求められた。また，商品を買いやすくするためには，割賦販売といった仕組みも必要であった。

他方で，販売とアフターサービスにあたるディーラー網の整備も不可欠であった。市場の成長につれて，生産できた台数だけ販売する方式から，売れる台数だけ生産する方式へ転換する必要も生まれてきた。その結果，綿密な販売予測と生産管理の体系的な結合という，より複雑な課題も要請されてきた。こうした高度な体系的マーケティング技術を戦後いち早く実施に移したのが，神谷率いるトヨタ自動車販売であった（下川 [1976]）。

トヨタのディーラーは，取扱商品ライン別に着実に増加してきた（表6-1）。1968年の各自動車メーカーの販売体制を比較すると，販売体制の充実度とマーケット・シェアの間に強い相関があることが窺われる（表6-2）。なお，販売体制の整備にあたっては，すでに述べたように地元資本の活用という基本的な方針のもとでディーラー政策が運用され，ディーラー企業家の自律的な活動が積極的に展開されたことが，大きな意味を持っていることを忘れてはならない。

1970年代後半になって，公正取引委員会は，自動車業界におけるメーカーやメーカー系自動車販売会社とディーラーとの取引実態を調査し，この時期になって，はじめて専売店制やテリトリー制について指導を行った（公正取引委員会事務局 [1981]）。この事実は，専売店制やテリトリー制が，長らくディーラー側から支持されてきたことを意味している。つまり，高度成長期のモータリゼーション進行時に，大量に，しかもさまざまなクラスで矢継ぎ早に開発さ

表6-2 主要自動車メーカーの販売体制・比較

	トヨタ	日産	東洋工業	三菱	いすゞ	富士重工	ダイハツ	本田
ディーラー数（店）	237	266	84	142	78	51	69	218
資本金（億円）	159	182	24	66	53	15	20	
従業員数（人）	71,547	64,392	30,170	27,703	20,025	7,963	11,072	40,000～50,000
車両セールスマン数（人）	17,716	18,231	9,025	7,725	4,574	2,152	3,062	
直営拠点数	1,937	1,402	824	807	436	196	257	
サブ・ディーラー数	76	579	943	1,874	85	271	554	
サービス工場（直営指定工場）	1,800	2,353	1,308	1,684	772	442	266	
マーケット・シェア（％）	26.9	24.0	11.3	8.8	3.6	4.4	6.4	7.8

（注）1．1968年末の数字である。
2．本田以外は，トヨタ自販調べによる。
3．本田は，本田技研調べによる。なお，本田の数字は，独特の業販制をとっており，単純に他社と比較できないため，できるだけ比較可能にした実質的販売力を表わすものである。
（出所）上野・武藤［1970］。

れる自動車を円滑に流通させるとともに，各社のブランド・イメージを確立させながら，販売後のメンテナンス水準を向上させる，という目的にかなうシステムとして，メーカー，ディーラー，ユーザーの3者ともに納得のいく仕組みであることが評価されていたのである。

(3) 豊田喜一郎と神谷正太郎の絆

戦後におけるトヨタのマーケティングの革新性は，戦前にその基礎が築かれたものも多く，神谷正太郎の存在が大きな意味を持っている。そこで，以下ではトヨタにおける神谷の企業家活動を戦前にさかのぼってみておくことにしたい。

神谷正太郎は，1898（明治31）年に愛知県知多郡に生まれ，幼少期に名古屋で製粉・製麺業を営む神谷家の養子となり，名古屋商業学校に学んだ。1917（大正6）年に三井物産に入社し，シアトル勤務を経てロンドンに駐在した。この間，彼は国際的なビジネス感覚を身につけていった。そして，学歴偏重，

神谷正太郎
(出所)トヨタ自動車編[1987]。

家柄尊重に嫌気がさした神谷は，物産を辞して，1925年4月，ロンドンで鉄鋼関係の貿易業務を営む神谷商事を設立する。しかし，日本の不況とイギリスの炭鉱ストの影響などで事業は頓挫し，失意のうちに帰国した。

神谷は，日本GMに「英語のわかる日本人」として入社すると，マーケティング部門に配属された。1928（昭和3）年1月のことである。2年後には32歳の若さで，日本人として最高の地位である販売広告部長に昇格した。しかし，日本GMで勤務を続ける神谷は，日本の商慣習とはかけ離れた，あまりにもビジネスライクなディーラーとの関係に疑問を感じるようになった。

神谷はつぎのように述べている。

「当時，日本人社員に対する米人社員の態度は，単なる経済合理主義をこえる冷徹さがあり，そこには，明らかな差別意識が感じられた。特に，販売店に対する政策は情け容赦ないもので，経営難にあえぐ販売店を冷たく突き放すようなケースは日常茶飯事であった。契約社会といわれるアメリカの商習慣からすれば，あるいはそれが当たり前のことであったかも知れない。しかし，郷に入っては郷に従えというではないか。わたくしは，販売代表員として販売店を訪問し，販売の指導を行っていたから，そうした事例を目の当たりに見て，もっと親身になって販売店の経営を指導するよう，米人スタッフに抗議したものだが，もちろん，わたくしの意見が必ず通るわけではない。米人スタッフと一緒に仕事をすることに，次第に限界を感じるようになっていったのである」（神谷［1974］）。

さらに，ちょうどそのころ，国産車の保護育成の動きが，官民あげて盛んになりつつあった。

そこで，1935年10月，豊田自動織機製作所に入社した神谷は，国産車の販売に尽力することになった。神谷と豊田喜一郎との仲介役を果したのは，シアトル時代に知遇を得た，豊田紡織支配人の岡本藤次郎である。神谷は，喜一郎の自動車事業にかける情熱とその真摯な人柄に心酔して，トヨタへの入社を決

第 6 章　トヨタの経営発展　149

意した。のちに神谷は，当時を振り返ってつぎのように述べている。

　「喜一郎氏の真剣さと誠実さにはまったく頭が下がった。実はそのときはまだ日本 GM 社を辞めると決めていたわけではなかったが，喜一郎氏のわたくしを信頼してくれる態度に感激し，きっぱりやめる決心がついた」（トヨタ自動車販売編［1970］37 頁）。

　喜一郎から，販売についてのすべてを任された神谷は，創業間もない豊田の流通販売システムづくりに奔走した。そして，入社から間もない 1935 年 11 月，国産トヨダ号 G1 型トラックの発表会が開催された。当時は，豊田の本社工場がある愛知県刈谷から東京芝浦に製品を輸送する際にも，部品の故障や，エンジン調整が必要なほど，性能や品質に問題があった。しかし，このような製品を外国車との競争のもとで販売することが，神谷に課せられた課題であった。

　神谷は，まず，大量販売の前提として外国車よりも安く価格を設定して，需要を喚起したうえで大量生産に結びつける，それまでは採算は度外視する，という策をとった。また，ディーラー網の整備にも積極的に取り組んだ。まだ，国産車に対する信用もなく，「トヨタ」というブランドもなかった当時，直営の支店方式ではなく，各地に地元資本と地元の人材によるディーラーを展開することにした。

　神谷は，全国的に販売網を展開していくに際して，次の 3 つの方法を検討している。1 つには，最初から地元資本に依存したフランチャイズ・システムを採用する。2 つには，外国車のディーラーと契約して，併売により販売網を拡大する。3 つには，自己資本による支店を展開する。そして，以上の 3 つの方法から，最終的に神谷は，もっとも困難かもしれない最初の道を選んだ。

　3 つめの方法を選択するには資金の手当が付かず，2 つめの方法では，豊田車のブランド・イメージに混乱が生じやすく，そのうえ，品質・価格で外国車に競争力で劣る豊田車の拡販は，期待できない。そして，何よりも国産車確立による豊かな社会づくりを標榜する豊田の考えからすれば，地域に密着した地元資本との密接な協力関係のなかで，国産車の振興に邁進する方法が，最善の道であるとの判断があった（トヨタ自動車販売編［1970］）。

　神谷は，日本 GM 時代に学んだアメリカ的フランチャイズ・システムに，

日本的な修正を施して，ディーラー・ネットワークを拡大していった。外国車排除と国産車確立の気運のなかで，その将来に不安を感じていた外資系企業傘下のディーラーを説得して，豊田のディーラーに鞍替えさせることから，まず，ディーラー網づくりは始まった。

　日本 GM 時代の反省のうえに立って，神谷の対ディーラー政策は慎重を極めた。利益率の高い外国車ディーラーを目指す予備軍が多く存在していたこともあり，外資系企業は，あまりにもビジネスライクな対ディーラー政策に終始していた。契約違反は即刻解約され，外国車ディーラーの看板は取り上げられた。こうした契約一辺倒のディーラーとの関係に疑問を感じていた神谷は，ディーラーの個々の事情に即して情報を共有し，きめ細やかに対応していった。ディーラーは，単なる売るための道具ではなく，国産車振興のための運命共同体，と捉えていたのである。

　豊田には流通販売に対する経験が不足し，そのうえ自動車の性能や品質に大きな問題があった。他方，豊田に鞍替えした外資系ディーラーには，さまざまなノウハウが蓄積されており，豊田に不足する資源を補完させる役割が期待されていた。つまり，販売後のメンテナンスと技術情報のフィードバックによる製品開発水準の向上が，豊田にとって大きな意味を持つことが認識されていた（四宮［2009b］）。

　さらに，神谷の進言により，豊田は，潜在需要の開拓に不可欠となった月賦販売に乗り出し，1936 年 10 月，販売金融会社であるトヨタ金融株式会社を創設して，外資系と同じ 12 カ月の月賦による販売を採用した。そして，翌年の 8 月にはトヨタ自動車工業株式会社が発足し，神谷は取締役販売部長に就任した。

　こうしてトヨタは，生産関係の技術スタッフ，神谷をはじめ販売店との関係を重視する彼を慕って日本 GM から移籍した加藤誠之，花崎鹿之助など，GM の洗練されたマーケティング・ノウハウを知り尽くした人々，加えて，収集された国内外にわたる技術情報，紡織・繊維機械事業にもとづく資本蓄積などの経営資源に恵まれ，大量生産・大量販売の体制を築き上げていくことになった。

　しかし，戦時統制の時期を迎えて，企業家の自由な発想と手腕で企業活動を

展開していくことは，しだいに困難になりつつあった。事実，喜一郎が目指した大衆乗用車の量産と量販は困難となった。統制の強化とともに自動車の生産は軍用トラックに集中し，販売ルートさえ統制下におかれることになった。1942年には，中央に日本自動車配給株式会社，のちの各都道府県に自動車配給株式会社が組織され，メーカー別の系列販売は消滅し，自由販売は否定され，すべてが配給になった。設立された日本自動車配給が各メーカーの製品を一手に引き受け，それを各地の自動車配給に配分して，その後，そこからユーザーに配給されるというルートができあがった。

　神谷は，その日本自動車配給の常務取締役として，車両集配の責任者となった。この時期の神谷は，その職責を通じて，各地の自動車配給に結集した各メーカー系列（日産系やヂーゼル系など）ディーラーの企業家たちと，気脈を通じることになった。そして，来るべき統制後の自由販売時代に備えて，統制強化の動きに抵抗する行動をとっていた（四宮［2005］）。こうした神谷の考えに共鳴したトヨタ以外の旧系列ディーラーの企業家たちは，戦後に系列販売が復活すると，次つぎとトヨタ系に乗り換えていったのである。

2 大野耐一

(1) 現場に根差すトヨタ生産方式

　これまでは，戦後におけるトヨタの流通販売システムの構築に，焦点を当てて述べてきた。そこで，以下では，戦後，トヨタ生産方式と呼ばれる革新的なものづくりを開発して，日本にとどまらず世界に，その影響を及ぼし続けてきたトヨタの生産の側面についてみていこう。

　自動車産業の母国といわれるアメリカが，20世紀の初めから信奉してきた少品種大量生産の考え方を根底から覆す多品種少量生産の実現と，品質と生産性の両立に見事に成功したのが，トヨタの生産方式である。もちろん，そのような方向をトヨタが当初から目指していたわけではない。当初は，アメリカ的な大量生産の手法が目標におかれていたが，それが日本の実情にそぐわないことに，トヨタはいち早く気がついた。そして，生産の仕組みを，わが国の実情に合わせるため，日々，試行錯誤を繰り返した。その結果生まれたのが，トヨ

タ生産方式といわれるユニークな生産方式である。

以下においては，トヨタ生産方式を現場で指導し続けた生産技術者・大野耐一を中心に話を進めていこう。

今日，日本の自動車産業に成長をもたらし，海外生産にあたっての技術移転の際の核心をなすのが，トヨタ生産方式である。そして，生産性と品質を両立させて，ユーザーのニーズに応じて無駄なく生産するこの方式の確立と普及こそが，わが国の競争力優位の源泉といっても過言ではない。

トヨタ生産方式は，石油危機を経て，加工組立産業，素材産業はもちろんのこと，サービス産業にまで普及して，日本型生産システムと呼ばれるようになった。今日では，フォードが代表した大量生産システムに代る普遍的なシステムとして，リーン（無駄な部分を削ぎ落としたという意味）生産システムという言葉で知られている。

フォード方式に代表される，標準化された互換性部品による画一的な製品の大量生産を基本とするアメリカ型生産方式が，豊富な資源，熟練労働力の不足，大規模市場の存在などの条件のもとで創り出されてきたことを思えば，トヨタ生産方式もまた「歴史の所産」であった（橋本［1988］）。トヨタの生産技術者であった大野耐一は，つぎのように述べている。

「トヨタ生産方式なるものは，戦後，日本の自動車工業が背負った宿命，すなわち『多種少量生産』という市場の制約のなかから生まれてきたものです。欧米ですでに確立していた自動車工業の大量生産に対抗し，生き残るため，永年にわたって試行錯誤をくりかえしたすえに，なんとか目途のついた生産方式ならびに生産管理方式です。その目的は，企業のなかからあらゆる種類のムダを徹底的に排除することによって生産効率を上げようというもので，豊田佐吉翁から豊田喜一郎氏を経て現在に至るトヨタの歴史の所産でもあります」（大野［1978］ⅰ頁）。

さらに大野耐一は，つぎのように語っている。

「戦後の昭和25，6年，私どもは自動車の量が現在のように多くなるとは想像もしていなかった。それよりずっと以前に，アメリカでは，自動車の種類が少なくて量産によって原価を安くする方法が開発され，それがアメリカの風土のなかにしみ込んでいたが，日本ではそうではなかった。私どもの課

題は，多品種少量生産でどうしたら原価が安くなる方法を開発できるか，であった」（大野［1978］4～5頁）。

ただし，戦後のトヨタは，生産性向上を目標に努力を続けたが，1950（昭和25）年には製品在庫を抱えて経営不振に陥る。大野には，この経験がトヨタ生産方式の発想の基本となった。

「ただ生産性を上げればよいのではなく，『売れるものを売れる時に売れるだけ』という限量生産を大前提にした上での生産性向上・コストダウンこそが重要との教訓を得た。つまり，アメリカ式の大量生産をまねていてはダメだという考え方である」（下川・藤本［2001］10頁）。

大野耐一は，1912（大正元）年に大連で生まれ，1932（昭和7）年に名古屋高等工業学校機械科を卒業して豊田紡織に入社し，1943年にはトヨタ自動車工業に転籍した。そして，1949年に機械工場長に就任して，その後，1954年に取締役，1964年の常務取締役，1970年に専務取締役，1975年に副社長に就任し，この間，元町工場や上郷工場の責任者を務めた。成長期のトヨタの現場を知り抜いた技術者であり経営者である。豊田紡織とトヨタ自動車工業という畑の違う2つの企業を経験した大野は，両社で学んだ現場の知恵を，戦後，トヨタの生産現場に目にみえる形で導入して，それらを会社を取り巻く環境に順次対応させながら高度化させていくことに成功した立役者である。

トヨタ生産方式の二本柱は，戦前の豊田系企業で考案された「自働化」と「ジャスト・イン・タイム」（JIT）である。戦前，豊田紡織では，織機に不都合が生じると運転を自動的に停止する装置を装備して，一人当たりの受け持ち台数を増やす工夫が採られていた。その結果，作業員の機械監視の時間は削減され，生産性は向上した。大野は，これに共通する工夫を戦後のトヨタ自動車工業の機械工場に適用した。

また，JITの発想も，すでに戦前における同社の自動車製造事業で試みられている。当時は，先端技術を積極的に採用して製造を試みるため，コストばかりがかさんでいた。そこで，「ジャスト・イン・

大野　耐一
(出所)トヨタ自動車編[1987]。

タイム」と書いて壁に張り出した豊田喜一郎は，部品に品質のムラが生じて過不足が目立ち，余計なコストがかかるという問題に，「余分なものを間に合わせても仕方がないんだ」と主張した。そして，「工場では材料の置き場まで規定して，たとえばエンジンブロックなど一日で加工する分だけを朝に受け取らせ，夕方には使い切って余分なものは置かせない。喜一郎はしょっちゅう工場を回っては，余分なものをその場で放り出させた」のである（トヨタ自動車編[1987]）。

(2) 「物づくりは人づくり」の伝統

トヨタ生産方式は，生産の平準化を基礎として，JITと自働化を柱に工程を流れ化させて，小ロット生産を行うことを内容としている。これにより，需要変動に迅速に対応できる生産の柔軟性を可能にしたのである。

まず，効率的な小ロット生産の実現には，工作機械に装着する金型の段取り替え時間の短縮が求められた。また，JITによってラインに供給される部品の過不足をなくすとともに，中間在庫を排除すること，自働化によって機械に不具合が生じたとき，自動的に運転を停止する装置を取り付けて，作業員が機械を始終監視するムダを省き，複数の機械操作を行えるようにすることで，生産性の向上を目指した。さらに，後工程が必要なものを必要なときに必要な量だけ前工程から引き取り，前工程は後工程に引き取られた量だけ生産する，というシステムを考案した。

そして，この後工程引き取りを実現するための道具として「かんばん」が導入された。かんばんは，工程間の部品，生産情報の受け渡しに効果を発揮した。こうして，需要変動に迅速かつフレキシブルに対応しながら，ムダを排除してコスト・アップを避ける仕組みが生まれた。

JITによって品質重視の考え方は全社的に浸透した。また，自働化は，作業員の工程への積極的な参加意欲を高めた。さらに大野は，1969年に生産管理部生産調査室を発足させ，愛弟子の生産管理の専門家を集めてアイシン精機をはじめとした部品メーカーに送り込み，トヨタ生産方式の普及に努めた。部品メーカーを前工程，トヨタの工場を後工程と考えたうえでの，両者一体の生産システムづくりが行われた。

第6章　トヨタの経営発展　155

　戦後，アメリカよりも絶対的に規模が小さく，多様なニーズを持つ市場に対応すべく着想された方式は，その後市場規模の拡大のなかでも，多数企業の競争状況を十分意識することで，部品供給会社も含めたグループ一体の方式に昇華していった。これは，フォード社が，当初の目標であったジャスト・イン・タイム生産を，モデルT型の爆発的売れ行きの前に忘れ去り，大量生産と作りだめに傾いていったことを思えば，きわめて対照的であった（下川［1990］）。

　大野は，1950年の経営破綻をもたらす原因となった量産，作りだめの愚を決して忘れることはなかった。これを教訓として，現場の職人気質に起因した反発や労働強化に対する警戒などにあいながらも，着々と生産管理の改革を進めた。なお，大野の改革を信頼して見守り続けた直属の上司，豊田英二の庇護は特筆に値する。

　英二は，大野の仕事に対する信念を信頼して，彼の現場改革について質すことはなかったといわれている。第一次石油危機後，トヨタ生産方式が下請に在庫を押し付けるものだという批判が高まり，衆議院で問題にされており，大野に代り矢面に立って誤解を解いたのは，当時の社長・豊田英二であった。喜一郎の創業精神を継承して，創業時の苦楽を喜一郎とともに味わった第一世代，現場を大切にする豊田英二の存在は，きわめて大きな役割を果たしていた。

　メーカーの利益の源泉は「工場にある」という信念にしたがって，大野は，工場生産性の向上に尽力した。機械設備の生産性にではなく，工場作業員一人当たりの生産性をいかに上げるかという点に，大野の視線は注がれていた。最新の機械設備に依存しすぎると，工場現場の技術力は低下して競争力が低下する，という考えのもとで，品質管理と生産性に厳しい視点で取り組む作業員の育成に，大きな比重をおいたのである。

(3) 世界へのデビュー

　日本自動車産業の世界へのデビューの契機となったのは，石油危機であった。1970年代に勃発した2度の石油危機を契機に，日本自動車産業の輸出依存度は増大し，1977（昭和52）年以降，生産台数に占める輸出の割合は，50％を超える状況が恒常化した。輸出先も，従来の東南アジアから北アメリカ

やヨーロッパが中心となり，1980年には，両地域向け輸出額は全体の3分の2を占めるまでになった。そして，70年代の北アメリカ・ヨーロッパ向け輸出の80％が，乗用車で占められていた。

なかでも，第二次石油危機以後の小型車中心の需要構造への変化に，迅速にメーカーが対応できなかったアメリカでは，経済性の高い日本製小型車の輸入はドラスティックに増大した。結果として，アメリカの自動車メーカーは急激に業績を悪化させ，ビッグ・スリーの一角を占めるクライスラーが経営危機に陥った。また，1980年のアメリカでは，自動車産業労働者の40％弱にも当たる25万人の失業者が生まれた。その後，日本車の対米輸出問題は，政治問題にまで発展した。

石油危機の影響で自動車需要は冷え込み，世界の自動車生産台数は，1970年の2,940万台から1980年の3,851万台へと推移した。しかし，日本車の国際的人気に支えられて，日本自動車産業の生産台数は1970年の529万台から80年の1,104万台へと増大した。70年代に国内販売の伸びが止まり，市場の成熟化を迎えつつあった日本の自動車産業は，70年の100万台から80年の596万台へと輸出を伸ばして，国内市場の伸び悩みを補うことに成功した。

このような日本自動車産業の国際競争力の強さを，石油危機による一時的な現象とみる見解が当初支配的であったが，石油危機後にアメリカ自動車産業が期待した，かつての大型車中心の需要構造は戻ることはなかった。その後の日本自動車産業の国際競争力の源泉を探る多くの研究によれば，製造コスト，労働生産性のいずれにおいても欧米の企業より優れており，とくにアメリカ車よりも，日本車の価格・性能・品質のトータル・パフォーマンスに対して，アメリカ人からも高い評価を得ていることが判明した。そして，その成功をもたらしたものこそ，トヨタ生産方式であった。

(4) 競争と革新

トヨタ生産方式は，戦後日本の自動車産業における激しい競争環境のもとにつくりだされたものである。戦後日本の急激な経済発展を説明する場合，政府＝通産省（現・経済産業省）による重要産業の管理を過大評価する「日本株式会社」論が，世界的に注目を浴びたことがある。経済発展のキー・ファクター

として，政府の強力な保護と育成の諸政策を重視するという考え方である。日本の自動車産業も政府の保護育成政策の結果として成長を遂げた，という誤解を持つ海外の論調もかつては多く見受けられた。

　しかし，当然ながら，現実に経済活動を遂行するのは企業であり，政府の産業政策の役割を過大に強調するのは誤りである。企業の側から，その時々の産業政策が事業活動に有利と判断された場合に限って，産業政策は有効に機能したと考えられる。それでは，政府の保護育成路線のなかで，どのようにして競争的な産業構造が形成されたのであろうか。

　終戦後，自動車産業不要論が産業界でも違和感なく受け入れられていた状況のもとで，当時の通産省は，外貨の節約と経済波及効果を考慮して，自動車産業を育成していく方針を採る。講和条約の発効する1952（昭和27）年4月以降，外国メーカーの資本と製品の対日輸出に厳しい制限を加え，他方，国内メーカーには，外国技術の導入を有利にするための低利融資や特別償却などの措置を講じた。特定のメーカーにではなく，幅広く機会均等的に育成の手を差し伸べたのである。

　日本政府は，1956年に機械工業振興臨時措置法を制定して，自動車部品工業の育成と近代化を推進した。これは，総合機械工業としての自動車産業のインフラ整備を目的とした措置であった。政府の保護育成措置に沿うかたちで，日産・オースチン，日野・ルノー，いすゞ・ルーツなどの外資提携が実施されて，日本の自動車産業は，外国企業から乗用車技術を学習することができた。

　通産省は，国内の自動車産業の保護育成策を推進する一方，一貫して規模の経済性を実現するための業界再編策を指向した。1955年の国民車構想は，その最初の具体的意思の表明といえる。もっとも，排気量350〜500ccで4人乗り，最高時速100キロ以上の乗用車を価格25万円程度で生産できるメーカーに助成を集中して，スケール・メリットを実現するという構想は，機会均等，自由競争のルールに反するという業界の反対にあって実現されなかった。

　しかし，国民車という考え方は，高度成長期の乗用車をめぐる環境変化，換言すれば，所得水準の向上と電化によるライフスタイルの変化にともなう，自家用乗用車時代の到来を予見したものであった。したがって，メーカー各社は，政府の予見した方向での車種開発に，邁進していくことになった。

1960年代に入ると，貿易・資本の自由化を控えて，通産省は，自動車産業の体質強化に乗り出していった。60年代の早々には，通産省による3グループ構想が発表された。これは，自動車業界を乗用車量産グループをはじめ3つのグループに集約化して，規模の経済を追求するというものであった。しかし，この構想も業界の反発を招いて実現しなかった。ただし，構想の実施を前に，普通乗用車生産に乗り出して実績づくりを狙う本田や東洋工業（現・マツダ）のように，普通乗用車分野への駆け込み参入が促進される，という皮肉な結果をもたらした。

　さらに，1970年代の資本自由化を前にして，通産省が慫慂した産業の体質強化策である企業の合同についても，日産とプリンスの合併というケースのみに終わった[3]。もっとも，1965年の輸入自由化とともに，戦後一貫して採られてきた政府による外資からの保護政策が，近い将来撤廃されるという事実が業界に与えた影響は大きいものがあった。こうして，単純に合同することで体質強化につながるという考えにはくみさず，個々の企業の特質を生かしながら相互の弱点を補完しあうという，いわゆる相互補完型提携によって，産業の体質強化が進んだ。

　当時の自動車業界において，企業合同に関して進展がみられなかったという事実には，つぎのような背景があった。まず，戦前からの四輪車メーカーである日産，トヨタ，いすゞ，乗用車に参入する前は航空機メーカーであった富士重工業，二輪車メーカーである鈴木や本田など，それぞれの出自はまちまちで，得意とする技術の内容も異なっていた。また，終身雇用のもとで各社独自の企業風土を有しており，何よりもコストと品質に優れた部品を供給する多くの部品メーカーの存在によって，合併によるスケール・メリットを追求しなくとも，比較的小規模の自動車メーカーであっても存立できる条件が存在した（Shimokawa［1994］）。

　こうした背景のなかで，各自動車メーカーは，主体的・自律的に提携を実現していった。その結果，大型トラックやバスから軽乗用車まで製品をカバーする，トヨタ，日野，ダイハツによるトヨタ・グループと，日産，日産ディーゼル，富士重工業による日産グループという二大グループを中心に，産業内競争が展開されていった。

結局，乗用車メーカー9社，トラック・バスメーカー2社の11社体制は温存された。海外の主な自動車生産国とは異なり，国内市場規模を考慮すれば，あまりにも多くの企業が併存する状況が定着した。そして，これら各社は，貿易・資本自由化後の欧米メーカーとの競争に備えて，設備投資と技術開発に全力をあげた。

1960年代には，モータリゼーションの進行による需要増大とニーズの多様化，さらには商品ライフ・サイクルの短期化が，競争的な産業構造とあいまって進展した。多品種少量生産を効率的に実施することが，さらに求められる時代であった。トヨタ生産方式は，その60年代初めに全社的に採用され，60年代後半には系列部品メーカーに拡大されていった。激しい企業間競争を背景に，他社もトヨタ生産方式のメリットに着目し，早期に模倣して自社に適応するかたちに改良を加えていった。

こうしてトヨタ生産方式は，70年代に自動車産業をはじめとして，多くの業界に普及することになった。

3 豊田英二

戦後，トヨタの流通販売システムの構築に大きな役割を担った神谷正太郎，繊維と自動車という異なる産業での現場の経験を融合して，生産システムの革新に邁進した大野耐一，そのいずれもが，創業者・豊田喜一郎の国産車づくりにかけた情熱を共有していた。さらに，喜一郎の従兄弟・豊田英二は，大学卒業後の1936（昭和11）年，22歳で豊田自動織機製作所に入社して，喜一郎とともに工場現場で苦楽をともにした。設立されたばかりのトヨタ自動車工業での経験は，英二を現場を重視する経営者に育てていくことになった。

そこで，1960年代のモータリゼーションをリードしたトヨタの経営判断を実質的に担った，豊田英

豊田　英二
(出所)トヨタ自動車編[1987]。

二に焦点を当ててみていこう。

(1) 先見性にもとづく工場建設

　トヨタ自動車工業の戦後の躍進に大きな役割を果したのは，1959年に操業を開始した元町工場である。同工場の建設に踏み切った石田退三社長の判断の根拠には，豊田英二の先見性があったといわれている。トヨタの乗用車販売台数が月2,000台ペースであったこの当時，月産1万台を想定して，まず5,000台規模の乗用車専門工場の建設を構想したのが，英二であった。この強気の判断の背景には，当時の国内市場の変化があった。ハイヤーやタクシーなどの営業車，法人の自家用車などの需要が拡大して，供給不足が指摘され始めているという事情があったのである。

　元町工場は，ボディー，塗装，組立の3つの工場からなり，1959年8月に完成した。そして，操業開始から半年，月販1万台を達成して，トヨタが業界内で抜きん出た存在となった。日産の追浜工場やいすゞの藤沢工場は，トヨタに遅れること3年，1962年に完成した。トヨタは，その先見性にもとづいたスタート・ダッシュが奏功して，その後もあいついで工場の建設を行った。

(2) 国内メーカーとの提携

　1960年代から進んだ貿易と資本の自由化に備えて，企業は国際競争力の強化に取り組んだ。自動車メーカーも，欧米のメーカーと提携して競争力の強化を模索した。しかし，トヨタの場合には，国内メーカーである日野，ダイハツとの提携を選択している。1966年の日野，翌年のダイハツ，それぞれとの提携話は，いずれも先方から持ち込まれたものであった。

　日野は，大型トラック・バス中心から乗用車を含む総合自動車メーカーへ脱皮するために，フランス・ルノーのライセンス生産を経て，小型乗用車の生産に乗り出していったが，乗用車事業が軌道に乗ることはなかった。その要因として，大型トラックと小型乗用車の根本的な製造技術の相違，戦前・戦後を通じて大衆を相手としたマーケティングの経験がない，という生産と販売両面にわたる問題点が指摘される。そこで，大型部門への吸収は無理と判断された小型乗用車部門での設備と人員を温存して，同部門からの無血撤退が模索された

(塩地 [1988])。

　他方，トヨタは，1トン・ボンネット・トラック市場において，日産のダットサン・トラックの牙城を突き崩すために，日野ブリスカを自社の製品ラインに組み込むことを企図した。また，進行するモータリゼーションのなかで，トヨタの乗用車生産能力は不足気味であり，日野の羽村製作所は，委託生産拠点として喉から手が出るほどの存在であった。なお，委託生産の実現は，日野の無血撤退を可能にする意味もあわせ持っていた。

　トヨタとダイハツの提携は，相互の利益を確保すると同時に，国際競争力を強化するという目的を持っていた。トヨタは，軽自動車市場の急成長に対応していくための近道として，自社が生産していない軽自動車を得意とするダイハツとの提携に大きなメリットを見出した。

　他方，ダイハツは，乗用車メーカーとして発展していくうえで，将来に大きな不安を感じていた。そして，その不安は何よりも，量産・量販体制における先発メーカーとの大きな較差によって生まれており，資本自由化までに自力で解決できる問題ではなかった。以上のような背景から，トヨタとダイハツ両社の提携にいたる思惑は一致した。

　トヨタと，日野，ダイハツ，それぞれとの提携は，グループとして大型トラックから軽乗用車までのすべての車種を揃える体制を整え，各社が自社の得意分野に特化して，相互に不足した経営資源を補完しあう関係をつくりだすことにつながった。これらの提携に大きく関わったのが，豊田英二であった。日野との提携時には取締役副社長として，ダイハツとの提携時には取締役社長として，英二は提携に決断を下した。資本の自由化時代を控えて進行する業界再編の渦のなかで，英二は，翻弄されることなく自律的に冷徹な判断を一貫させた。

(3) 大衆車「カローラ」専用工場の新設

　1955年に公表された国民車構想に触発された各自動車メーカーは，構想を1つの参考材料として自動車開発に突き進んでいった。日産自動車が，時期尚早と判断して国民車構想にさしたる関心を示さなかったのに対し，トヨタは前向きに対応した。豊田英二専務は，小型の乗用車開発に積極的であった。しか

し，国民車構想が想定する車格，原価，車両価格のバランスに疑問を感じて，わずかながら想定よりも上級クラスの自動車の開発を目指すことにした。そして，英二自身も技術者として，新車開発の現場に具体的な指示を与えた（桂木［1999］）。

紆余曲折を経ながらも，1961年，パブリカが誕生した。パブリカという車名には，大衆車を意味するパブリック・カーという言葉を縮めたものが採用された。販売店も新たにパブリカ店を設置して，従来の1都府県1販売店ではなく，複数の販売店を設ける力の入れようであった。しかし，経済性を追求した大衆車として，あまりにも実用性を重視してしまい，全体として貧相な仕上がりになったパブリカの売れ行きは，芳しいものではなかった。そこで，2年後に装備を充実させ，豪華さをアピールしたデラックス・タイプを投入して，初めて販売が拡大した。この結果，トヨタは，自動車に対して消費者は，大衆車といえども豪華さを感じさせるものを求めている，ということを学習した。

パブリカの経験は，1966年に発売されたカローラに生かされることになった。乗用車に要求される要素，具体的には，経済性，運動性能，乗り心地，使いやすさ，居住性，安全性，豪華さなど，さまざまな点を考慮してすべての要素を合格点にする，いわゆる80点主義を採用して，消費者の幅広い支持を集めることに努力した。

当初，カローラのエンジン排気量は1,000ccでスタートしたが，開発も終盤に近づいた66年2月になって，排気量を1,100ccに拡大する指示が出された。それは，日産によって開発中のサニーの排気量が1,000ccで，車両のサイズもカローラと競合することがわかったからであった。豊田英二も設計変更について，詳細な技術的指示を開発担当者に与えた。

トヨタは，カローラ専用の高岡工場を新設し，月産2万台の生産体制を構築した。1社で月産4万台という時代に1工場で2万台という破格の規模であった。さらに，新型車専用エンジン工場（上郷工場）と組立工場（高岡工場）を新設するという，初めての試みでもあった。そして，こうした業界をリードする設備投資には，必ず英二の決断があった。英二自身，「カローラはモータリゼーションの波に乗ったという見方もあるが，私はカローラでモータリゼーションを起こそうと思い，実際に起こしたと思っている」と述べている（豊田

[2000])。

　1966年11月に発売されたカローラは，大衆車市場でベストセラーカーの地位を得ることに成功した。パブリカで学んだ大衆乗用車づくりのノウハウは，カローラの成功によって結実したのである。

(4)　豊田英二のキャリア

　戦後，いち早くモータリゼーションの波動を察知して，先頭に立って開いていくリーダーシップを発揮したのが，豊田英二である。英二の父は，豊田佐吉の次弟・平吉である。すでに述べたように，英二は，1936年，東京帝国大学工学部機械工学科を卒業後，豊田自動織機製作所に入社し，国産車開発に情熱を傾けた従兄弟の喜一郎に大きな影響を受けて，企業人としての生活をスタートさせた。喜一郎のもとで，技術改良や外注検査の仕事を果し，戦後には，企画，製品，技術，経営調査などの部署を経て，全社的なスキルを身に付けていった。

　英二は，1945年にトヨタ自動車工業取締役に就任し，その後，50年に常務取締役，53年に専務取締役，60年に副社長，67年に社長，そして，82年にトヨタ自動車工業とトヨタ自動車販売が合併してトヨタ自動車が誕生すると，同社の取締役会長に就任した。31歳の若さでトップ・マネジメントの一員になってから，1994（平成6）年に取締役を退任するまでのおよそ半世紀の長きにわたって，第一戦で戦後のトヨタをリードしてきた経営者である。

　すでに述べてきたように，技術者としての教育を受けた英二は，入社後も技術面で大きな役割を演じた。また，戦後のトヨタの危機を救った経営者・石田退三や，すでに述べた神谷正太郎との交流のなかで，経営者としての基礎を学び，その後の長い役員生活を通じて経営者としての卓越した能力を培ってきたのである。

■ おわりに

　戦後，再スタートを切ったトヨタには，創業者の意思を汲む優秀な人材が残されていた。豊田喜一郎が日本GM社から招聘した神谷正太郎は，戦前の外

資系企業のディーラーに対する契約一辺倒であまりにも現場の実情を無視した姿勢に疑問を抱いた。そこで，トヨタ入社後は，同社とディーラーとの関係を，運命共同体的関係にすべく日本的な修正を施し，両者の関係を盤石のものとした。その際，ディーラーの企業家精神の発揚を支援する多くの方策を講じた。もちろん，そこには，創業期のトヨタの製品が完全なものではなく，ディーラーとの二人三脚によるユーザーに対するアフターケアと，それにもとづく製品開発への技術情報のフィードバックの重要性が認識されていたという事情があったことを忘れてはならない。喜一郎から販売に関しての全権を任された神谷は，「販売のトヨタ」とまでいわれる販売力を構築し，「販売の神様」と呼ばれるようになったのである。

他方，紡織と自動車という畑の違う生産の現場を経験した大野耐一は，紡織の現場で培われてきた自働化のノウハウを自動車の現場へと持ち込んだ。また，喜一郎が自動車の現場で追求しつつあった「流れ生産」についての理解を深めた。そして，戦後も戦前から続く「流れ作業」への模索を続けた。結果として，品質と生産性の両立をもたらすトヨタ生産方式が構築されることになった。

戦前戦後を通じて，豊田喜一郎の創業理念を継承して，流通販売と生産管理のそれぞれの側面で今日のトヨタをかたちづくってきたのが，神谷正太郎と大野耐一であった。

そして，創業期から従兄弟・喜一郎のもとで，その思想を共有する幸せな時間を持った豊田英二の存在は群を抜いていた。すでにみたように，技術者経営者でありながら，そのキャリア形成に窺われるように，多方面に精通したバランスのとれた経営者として，先手必勝の経営をリードしたのである。

〈注〉

1) 本章は，四宮 [2009a] を基礎としている。
2) トヨタと日産のディーラーへの対応は，四宮 [1998] 176〜185頁を参照されたい。
3) 日産とプリンスの合併は，両社のおかれた厳しい競争環境のなかで，いわば起死回生の一手として選択された側面が強く，合併の功罪は相半ばするもののように思われる。詳細については，四宮正親 [2005]「日産自動車の経営戦略とその帰結」宇田川勝・佐々木聡・

四宮正親編『失敗と再生の経営史』有斐閣，を参照されたい。

〈参考文献〉

上野裕也・武藤博道［1970］「自動車工業論」『中央公論　経営問題』中央公論社。
尾崎政久［1959］『自動車販売王　神谷正太郎伝』自研社。
大野耐一［1978］『トヨタ生産方式』ダイヤモンド社。
桂木洋二［1999］『日本における自動車の世紀』グランプリ出版。
神谷正太郎［1974］「私の履歴書」日本経済新聞社編・刊『私の履歴書』（経済人15）1981年。
公正取引委員会事務局［1981］「自動車取引の公正化に関する指導状況」11月17日。
塩地洋［1988］「日野・トヨタ提携の史的考察」経営史学会編『経営史学』第23巻第2号，東京大学出版会。
四宮正親［1998］『日本の自動車産業―企業者活動と競争力1918～70』日本経済評論社。
四宮正親［2005］「戦時経済と自動車流通―日配・自配一元化案をめぐって―」龍谷大学社会科学研究所『戦時期日本の企業経営』文眞堂。
四宮正親［2009a］「トヨタのトップ経営者交替にみる創業家の役割」『経済経営研究所年報』第31集，関東学院大学経済経営研究所。
四宮正親［2009b］「国産大衆車企業の誕生と流通販売体制の構築―トヨタのケース―」『経済系』第240集，関東学院大学経済学会。
四宮正親［2010］『国産自立の自動車産業』芙蓉書房出版。
下川浩一［1976］「トヨタ自販のマーケティング」下川浩一・小林正彬ほか編『日本経営史を学ぶ（3）』有斐閣。
下川浩一［1990］「フォード・システムからジャスト・イン・タイム生産システムへ」中川敬一郎編『企業経営の歴史的研究』岩波書店。
下川浩一・藤本隆宏編［2001］『トヨタシステムの原点』文眞堂。
トヨタ自動車販売株式会社編・刊［1962］『トヨタ自動車販売株式会社の歩み』。
トヨタ自動車販売株式会社編・刊［1970］『モータリゼーションとともに』。
トヨタ自動車販売株式会社編・刊［1980］『世界への歩み　トヨタ自動車販売30年史』。
トヨタ自動車株式会社編・刊［1987］『創造限りなく　トヨタ自動車50年史』。
豊田英二［1995］「日本における自動車技術の革新と国産乗用車の開発」自動車技術史委員会編『自動車技術の歴史に関する調査研究報告書』自動車技術会。
豊田英二［2000］『決断　私の履歴書』日本経済新聞社。
橋本寿朗［1988］「国際的優位を確立した日本型生産方式」『エコノミスト』5月4日号。
Shimokawa, K.［1994］*The Japanese Automobile Industry: A Business History*, The Athlone Press.

第7章

製品技術と国際化をリードした経営
―本田宗一郎・藤沢武夫―

太田原　準

■ はじめに

　本田技研工業（以下，ホンダ）は，1948（昭和23）年の会社設立後，一度も営業利益で損失を出したことがない。この60年の間には，何度も景気後退期が訪れている。1949年のドッヂデフレ，1957年からのなべ底不況，1973年の第一次石油ショック，1980年の第二次石油危機，1985年の円高不況，バブル崩壊後の「失われた10年」，そして直近はリーマンショック後の世界同時不況である。とくに世界同時不況を受けた2009年3月の決算では，戦後長く損失を出してこなかったトヨタ自動車が4,300億円もの営業損失を出したのに対し，ホンダは大幅減ながらも1,370億円の利益を確保した。

　多くの同業企業が度々赤字に陥り，倒産や合併などを経験するなかで，長期にわたって利益を出し続け，企業成長を果たすことができる企業は，一般に競争優位性があるという。競争優位性をはかる尺度してはROA等の財務成果が用いられ，競争優位企業は，長期にわたってそれら財務成果が業界平均を上回る。ホンダのROAは，後にみるように長期間にわたって業界平均を上回り続けている。ホンダは創業以来，現在にいたるまで同業他社に対して「競争優位」のポジションにある[1]。

　本章では，ホンダの競争優位の源泉について広範に考察を進めていく。第1節では，戦後の日本自動車業界のROAの推移とホンダのそれとを比較し，そ

こから得られるホンダの特徴について，とくに景気後退期と不況期に着目して指摘する。第2節では，ホンダの強みについて製品開発と事業構成から考察する。第3節では，グローバル展開で先行する二輪車事業が，四輪車事業に対して先行経験の利益とでもいうべきメリットをもたらしていることを考察する。また，ホンダの組織能力の特徴を，近年活発に議論されているビジョナリーカンパニーあるいはWAY経営という文脈から再解釈し，2人の創業者の果たした役割がこれらの議論に対して先験的であったことを確認する。最後にこのような競争優位ポジションと他社が模倣困難な競争優位の源泉を有するホンダの，なお残るであろう今後の課題について若干の私見を述べようと思う。

1 ROAからみた日本自動車業界の長期推移

図7-1は，日本の自動車工業のROAの平均値を産出し，ホンダのそれとを比較したものである。対象の自動車メーカーとしては，日産，いすゞ，トヨ

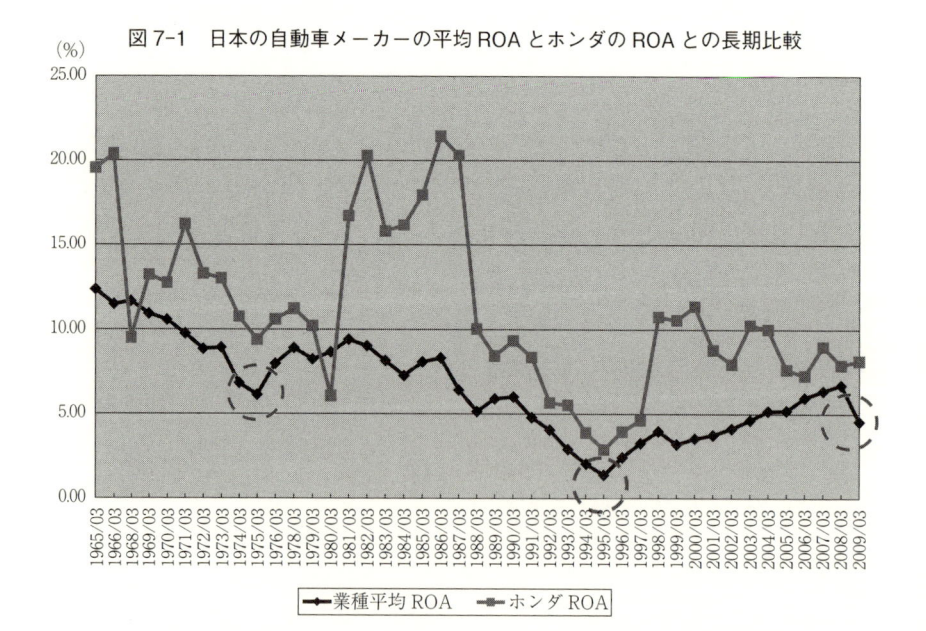

図7-1 日本の自動車メーカーの平均ROAとホンダのROAとの長期比較

(出所) NEEDS Financial Questを用いて筆者算出。

タ，日野，三菱，マツダ，関東自工，ダイハツ，愛知機械，ホンダ，スズキ，富士重工の12組立メーカーであり，期間はNEEDS FinancialQuestで統一的にデータが取れる1965（昭和40）年から2009（平成21）年の3月期決算（一部決算期がずれる企業も含む）とした。

まず自動車業界の不況期はいつかという点であるが，日本の自動車業界をROAの平均からみた場合，大きく落ち込む時期が三度ある。破線円で囲んだ1975年と1995年，そして今回の2009年である。これらはそれぞれ，石油危機後，バブル崩壊後，そしてリーマンショック後の不況期に当たっている。1965年から1975年にかけて，そして1981年から1995年にかけて長期的にROAは下降傾向が続く点，そして1995年以降，2008年までROAが回復傾向にある点も特徴的である。

次にホンダと業界平均との比較についていえば，ほぼ一貫してホンダのROAが業界平均を上回っていることがわかる。例外は1968年と1980年であり，この両年は業界平均を下回る。またグラフの動きをみると，業界平均が落ち込むときはホンダも落ち込む傾向が強く，両者の乖離幅も狭くなるが，上昇期にあるときはホンダが突出して良い数字を示し，両者の乖離は大きくなる傾向がある。このように例外が2カ年ほどあるほかは，ホンダのROAは，後にみるように長期間にわたって業界平均を上回り続けている。したがって，ホンダは創業以来，現在にいたるまで同業他社に対して「競争優位」のポジションにあるということができる。

では，ホンダの競争優位を生むもの何なのか。以下に順に考察を進めていく。

2 ホンダの強み

(1) 「大衆の足」創造能力

すでにみたように，ホンダは1965（昭和40）年から2009（平成21）年にかけて二度の例外を除き，ほぼすべての決算期においてROAにおいて業界平均を上回っている。それは好況期だけでなく不況期においても同様である。とくに不況期におけるホンダがどのような事業戦略をとったのかは興味深い問題で

ある。なぜなら，不況期の後の回復期，そして好況期においてホンダは同業他社にくらべて高い経営成果をあげているからである。

ホンダの場合，同社の歴史における代表的製品が，不況期において市場投入されるという明確な特徴が指摘できる。1957（昭和32）年から58年のなべぞこ不況期は二輪車のスーパーカブ，オイルショック期はマスキー法初対応のCVCCエンジン搭載シビック，バブル崩壊後の1994年には国内ミニバン市場を創造したオデッセイ，1995年にはカリフォルニアZEV法で最初にULEV（ウルトラローエミッションビークル）として認定された6代目シビック，2009年には戦略的な価格設定でトヨタのプリウスと競合しハイブリッド市場を拡大したインサイトが投入されている。

このように，ホンダは不況期において，時代を画するような同社にとって製品，そして，その後の自動車市場の変化を牽引するような革新的な製品を出している。これは果たして偶然なのだろうか[2]。

自動車の開発には3～4年の長い時間と莫大なコストがかかる。また当面商品化されないような基礎研究の蓄積も製品開発には重要である。したがって不況期に投入された製品は，当然ながら不況期に入ってから企画・開発されたものではなく，それに先立つ好況期において企画され，開発されたものの発売時期がたまたま不況期になったということである。さらにその不況期の商品がつぎの回復期や好況期において顧客の高い支持を獲得するために，ホンダは業界平均と比べて高い経営成果を出すというサイクルが想定される。

ホンダはなぜ周期的な景気循環サイクルのなかで，とくに不況期において，革新的な製品を出すことができるのか，あるいはそれに先立つ好況期において革新的な製品を企画・開発することができるのか。ここでは，上にみたようなホンダの革新的製品に一貫した特徴である大衆性と経済性に着目してみたい。

自動車製品の大衆性と経済性は，いずれも，自動車産業にとって，その広範な普及および環境問題への対応という，その歴史を通じて追求してきた技術軌道の本流に属する特性である。ホンダの代表的製品であるスーパーカブ，シビック，インサイトは明らかに大衆性と低エミッションに特徴づけられる。オデッセイは8人乗りでありながら5人乗りセダン同様の価格と燃費を可能にしていることを考えれば，これも大衆性と低エミッションといってもよかろう。

世界に根づくスーパーカブ
（出所）筆者所蔵絵葉書。

　もちろん，ホンダが過去に市場に投入した製品のなかには，大衆的でもなければ経済的でもないものも多数含まれる。しかし，それら商品が時代を画することはなかった。
　大衆性と経済性はT型フォードに代表されるように，自動車の先発国であるヨーロッパではなく，米国，日本といった後発の自動車生産国の企業が，とりわけモータリゼーション初期に追求してきた製品戦略の典型的パターンである。しかしながら，自動車ビジネスの歴史が教えることは，1950年代のアメリカ車に典型なように，産業が成熟化するにつれ利益率を高めるため製品の大型化と虚飾化傾向が強まり，機能よりもマーケティングが仕様を決める傾向が生じてくる点である。
　それに対しホンダは，大衆性と経済性という技術軌道の本流からの逸れが相対的に少ないと考えられる。すなわち，大衆性と経済性を備えた製品が周期的に市場投入されるような製品企画の思想的系譜と，それらを継続的に生み出す製品開発部門の技術力および組織能力が存在してきたと言い得る。これには国内四輪車メーカーとしては最後発であり，日本企業としてもっとも若いという点が，少なからず有利に影響しているだろう。もう1つ，他社とホンダとを分

併設する二輪・四輪工場（HONDA OF AMERICA MFG., INC. メアリズビル工場）
（出所）ホンダ提供。

けるものは，二輪車部門の存在である。二輪車部門を通じて，新興国の大衆モータリゼーションとともに事業を営み，市場に受け入れられる二輪車の開発を続けるホンダに，競合他社が失いがちな基本理念と経営資源が蓄積されていると考えることはできないだろうか。以下では，競争優位の観点から，ホンダの二輪車事業について考察していく。

(2) ホンダの競争優位と事業構成

　ホンダが二輪車事業と四輪車事業の2部門を持つことの競争優位上の効果は4点ある。1点目と2点目はよく指摘される。すなわち範囲の経済性とグローバル経営上の優位性である。範囲の経済性は，二輪車と四輪車の技術的共通性にもとづくもので，製品技術，生産技術，部品調達，コストダウン技術において経営資源を共有する。歴史的にみると，四輪車事業参入の初期の段階では，二輪車事業で養われた高効率エンジンの設計技術が四輪車事業に生かされた。現在では反対に有数の四輪車メーカーとしての経営資源，とくに部品調達におけるホンダグループの総合力が二輪車業界でホンダが卓越した地位を維持することに大きく役立っている。

2点目のグローバル経営上の優位性は，最初はマーケティングの優位性として現われ，次第に生産拠点の組織能力の構築として現われる。所得水準の低い新興国では四輪車の普及の前段階として二輪車の普及を経験する。ここでホンダブランドの認知度が高められ，四輪車参入期のマーケティング費用を相当に節約することができる。つぎに現地生産の段階である。二輪車のノックダウン生産から大量生産まで段階的に経験した海外拠点の組織は，四輪車の大量生産においても明示的および暗黙的ノウハウを活用して，相対的にスムーズに現地生産を立ち上げることができる。同時に二輪車事業の段階で組織した部材の調達先の多くが，四輪車向け部材を生産することができる。ホンダはこれらの点で，今後ますます優位性を活用することができるだろう。

第3の優位性はこれまでほとんど言及されたことのないものである。それは製品ライフサイクルで乗用車事業に先行する二輪車事業において，今後四輪車事業で経験するであろう難局を予習することができる点である。とくに新興国市場への参入や，それら現地市場における顧客価値への対応，日本や先進国市場の成熟と衰退，商品のあらゆる用途への多種多様化といった経営課題は，二輪車事業において四輪車事業の10年から20年前倒しで経験する。

二輪車事業における失敗も成功も，製品ライフサイクルであとを追う四輪車事業で生きてくるという優位性。この先行経験の優位性こそが，ホンダの事業構成において，他社が模倣困難な優位性の源泉となっていると思われる。とりわけ，絶えず市場のフロンティアを求めて，新興国に参入していく二輪車事業を持つことが，すでに述べた大衆化と経済性という技術軌道を持続させることに大きく貢献している。

第4のメリットは，二輪車部門の存在が不況期の財務を下支えるという点である。図7-2のグラフは，バブル崩壊後およびリーマンショック後の不況期におけるホンダの2部門の売上と営業利益の対比を示している（四輪車事業／二輪車事業）。通常のホンダの四輪車部門の売上は二輪車部門の6倍から7倍であり，営業利益も同様に6倍から7倍である。ところが不況期になると四輪車部門の営業利益が急減するのに対して，二輪車部門への影響は軽微である。その結果，その比率は1を割り込み，二輪車部門の営業利益が四輪車部門を絶対額で上回り，会社全体の財務を底支えするのである。

(四輪車／二輪車)

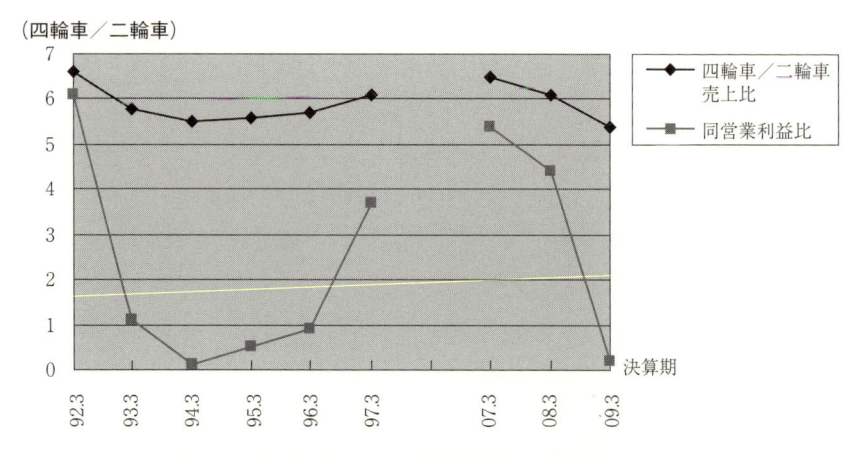

図7-2 不況期のホンダの四輪車事業／二輪車事業の対比
(出所) 本田技研工業有価証券報告書より算出。

　このように，好況期においては四輪車事業の影に隠れる二輪車事業であるが，不況期には四輪車事業の損失を埋めるだけでなく，最終利益を黒字化するのに貢献する。二輪車事業は四輪車に先駆けて生産のグローバル化が進み，また売上の大部分を新興国市場で稼ぐため，国内および先進国に依存する四輪車事業と補完関係にあるからである。

3 創業者の役割再考

(1) 企業理念の浸透した組織

　本章が最後に考察するホンダの競争優位の源泉は，ホンダが組織として継承してきた企業理念が，多国籍に展開し分権化する組織の統合コストを節約するという点である。

　企業が事業を展開する国や地域が増えるほど，また，従業員構成に占める本国国籍の従業員比率が下がるほど，すなわち多国籍企業としての発展段階が進むほど，大規模化し分権化した組織にとって企業理念と行動指針の組織への浸透がいっそう不可欠となる。例えばネスレやP&Gといったもっとも多国籍化が進んでいる企業は，多大な費用を費やして企業の基本理念や行動指針の確立

第7章　製品技術と国際化をリードした経営

THAI HONDA MFG. CO. LTD. での生産風景
（出所）ホンダ提供。

と浸透を図っている。多国籍企業にとって，さまざまな国籍から構成される人材を世界中に配置し，事業活動の権限を現地に委譲しながら，他方で企業全体としての統合力を保つための効果的方法は，企業理念や行動指針の共有である。

　日本の自動車企業も多国籍企業としての経験を相当に蓄積してきている。それでもまだ日本国籍の社員比率は過半数を超え，海外での事業活動は，生産職能を中心に日本でのオペレーションをいかにそのまま移転するかに注力してきた。したがって生産や開発のシステム，サプライチェーンといった経営手法における本社の集権度は相当に高い。しかし，今後新興国を中心に，先進国で蓄積してきたビジネス経験をそのまま適用できない市場の売上比率が高まれば，日本の自動車企業においても，現地事業所にいかに権限を委譲して現地に根差した事業活動をしていくかが，これまで以上に戦略的課題として提起されるようになる。

　この点でホンダは相対的に優位なポジションにいる。理由の1つはすでにみた二輪車事業の先行経験であり，もう1つは本節で考察する本田宗一郎と藤沢武夫という2人の創業者の存在である。2代目社長の河島喜好は「今の社長を

はじめ幹部も従業員も，原点をみつめることを永遠のテーマとしてい」と述べている（河島［1988］）。

(2) 本田宗一郎 [3]

　本田宗一郎（以下，宗一郎）なくしてホンダはない。宗一郎に対しては，「偉大な技術者ではあるが，経営者としては欠点も多い」という評価が根強くある（日経ベンチャー編［1992］）。しかしながら，経営者のさまざまな役割のなかでもっとも重要で，代替できないのがリーダーシップである。バーナードがいうように，組織の信念を創造し，従業員の協働体系を鼓舞することがリーダーシップの本質であるのならば，宗一郎は，ホンダの創立から今日にいたるまで，一貫してその能力を発揮し続けている。

　宗一郎は，従業員個々人の相対立する個性，思想，価値観の自由を推奨しながらも，「資本よりアイデア」「世界的視野」「安価良品」といった信念に向かって従業員を鼓舞し，彼らのベクトルをまとめた。宗一郎は優れた技術者で

本田宗一郎と藤沢武夫
（出所）ホンダ提供。

あると同時に優れたリーダーシップの持ち主でもあり，その意味で卓越した経営者であった。

　本田宗一郎は，1948（昭和23）年，二輪車の生産を目的とするホンダを設立した。戦前からの先行メーカーや航空機メーカーのオートバイ生産が，資本や生産設備，技術者を豊富に擁して行われたのに対して，ホンダは，資本も設備も限られ，ただ宗一郎のアイデアにもとづきわずかに生産を開始したに過ぎなかった。後発の不利は明らかであったが，それでも宗一郎が意気盛んであったのは，彼の経営思想によるところが大きい。宗一郎は，資本よりも理論とアイデアを重視していた。彼はいう。「現在のように過去における10年，20年の進歩を，1年とか半年にちぢめて行う時代においては，事業経営の根本は，資本力よりも事業経営のアイデアにある。世界を挙げて目まぐるしく進歩する時代においては，資本力は事業経営における重要さの度合をアイデアに譲った」（本田［1952a］）。宗一郎のアイデア重視は人間重視の思想にもつながった。「そこにアイデアの泉たる人間が高く評価される時代がやってくる。生命が大切にされる時代であり，人権が尊重される世の中となる」，「愛社精神はいらない。自分を大切にできる会社がこれからの本当の会社だ」（本田［1955a］）。

　ホンダは設立当初から新しい技術，生産方式，販売チャネルを採用し続け，1950年代に入るとすでに有力二輪車メーカーの1つとして数えられていた。しかし，宗一郎はあくまで「世界的視野」にこだわった。1952年正月，宗一郎は「本田技研の世界主義」と題する宣言を行って，年間30万ドルの輸出を計画した。しかしながら，彼の意気込みとは対照的に，1948年から56年までの8年間の総輸出額は9万5,000ドル，日本円にして3,500万円にも届かなかった。「日本において一流になったということで，一度眼を世界的視野に転じますとき，現在私達の到達しておりますレベルはまことに恥ずかしく，寒心に堪えないものである」（本田［1952b］）。二輪車産業の業界団体である日本小型自動車工業会では，外国車の輸入制限を政府に働きかけていたが，宗一郎はこれに一人反対した。「過日，我々の方の協会で輸入車阻止の会合がありましたが，私だけは賛成しませんでした。判を押せといってもこの輸入車防止だけは嫌です。技術によって解決できるものを，政府に頼んだり，あらゆる施策によって，これを阻止しようとしても，根本的な対策を講じない限り，外車は

あらゆる障壁を越えて入ってくる」(本田 [1954])。とはいえ，宗一郎は技術的な壁にぶつかっていた。それは国内メーカーの工作機械で加工処理すると，図面通りの精度が出ないことであった。「このように不完全な機械の精度を，日本人特有の技術によって漸く補っている実状ですから，我が国の工作機械メーカーの製品を用いたのでは世界的水準に到達することは不可能であり，世界市場において性能とコストを争うことはできない」(本田 [1952b])。

1952年10月，宗一郎と専務の藤沢武夫は合計108台，総額4億5,000万円の世界最高水準の工作機械を輸入することを決定した。高精度の輸入工作機械の導入によって，それまで組立ラインと塗装ライン程度しかなかったホンダの工場で，エンジンやミッションといった機能部品を高い精度で内製することができるようになった。その結果，古い工作機械で加工された精度の低い部品を他社から購入して組み立てるよりも，製品の精度，信頼性ははるかに高いものとなり，再び良品を作って輸出に挑戦できる体制ができた。宗一郎は檄を飛ばした。「ホンダを日本重工業の世界進出の突破口としたい。世界的製品を生産するということは，困難にはちがいないが，困難だからといって，引き下がることはできない」(本田 [1955b])。この決定は，二輪業界だけでなく，戦前の水準から戦後の水準への過渡期にあった日本の工作機械業界，工具や治具メーカーに大きな衝撃を与えた。

巨額の輸入工作機械の導入は，しかしながら，資本金600万円の本田技研にとってはきわめて危険な意思決定であった。購入資金を融資してくれる銀行はなく，支払手形と受取手形の時間差を利用した一時的な手持ち資金で月賦返済されたが，1954年6月，同社は不渡りの危機にさらされた。このとき，宗一郎に代わって三菱銀行との交渉に臨んで緊急融資をとりつけ，部品メーカーへの支払遅延要請や組合との一時金を巡る交渉を一手に引き受けて同社を倒産から救ったのが専務の藤沢武夫(以下，藤沢)であった。これを機に，本田技研の経営全般は，藤沢が掌握するようになった。これ以降，宗一郎はもっぱら技術研究所で研究開発の指揮に没頭した。

(3) 藤沢武夫

藤沢武夫は，宗一郎の個性と才能を組織的属性におき換え，本田技研が長期

的に成長していくための組織作りを行ったアーキテクトである。宗一郎の技術的能力とリーダーシップは，町工場をわずか8年で東証一部上場企業に押し上げることになったが，それだけで大企業としての長期的成長を保証するものではなかった。宗一郎という類い希なる経営資源は，一人の人間である以上，限りある資源である。藤沢は，研究開発以外のほとんどすべての経営職能を統括しながら，宗一郎という個性と才能を組織的属性におき換え，ホンダが長期的に成長していくための組織作りに早くから取り組み続けたのである。

　藤沢は，1956年から60年の間に，合計4回もの研究開発部門の組織変革を断行した。それはホンダの研究開発の担い手を宗一郎から組織へと徐々に代替していくための最初のプロセスであった。同社の研究開発は宗一郎の技術とアイデアに依存する部分が大きく，創業から10年間で会社が取得した特許204件のうち，宗一郎が考案者となっているものが193件を占めるほどであった（本田社報編集局［1958］）。藤沢はいう。「一番考えなければならないのは，本田宗一郎という人間がいないで会社が今だけの評価をうけるようでなければならないということなんだ　…　だから本田宗一郎というものを少しずつはぎ取っちゃって5年，10年たったら本田宗一郎が零であってもいいんだということだけ，みんなが成長しないかぎり，この本田技研の成長性は長い目でみればないのかもしれない」（本田社報編集局［1959］）。

　1960年5月，藤沢は全社の課長以上約300人を召集した。彼が提出した議案は，研究開発部門を別組織として本社から切り離すというものであった。藤沢はつぎのように説得を開始した。「本田技研がいままで何で伸びてきたかというと，社長の考えた図面が良かった。その図面が三角形の組織の中から生まれてきたものかというと，そうではなくて，はっきり天才の為せる業だといってよい」（藤沢［1960］）。藤沢の説得は次第に，「天才能力」と「集団能力」の問題に移っていった。「ここで人間の能力という根本的な問題に直面するわけで，一人の天才能力に代わる，集団能力をいかに組合せ，それを全体として向上させていく仕組みをどのようにしたら作れるか。この姿が出来れば本田技研は安泰である。今までの議論を聞いていると，現在，能力があるという前提でいろいろ議論されているようだが，私は現在の能力程度ならば，絶対に本田技研の未来は，よその企業と同じようになるだろうと思う」（同上）。

1960年7月，研究開発部門は，本社や工場の階層組織とは異なる文鎮型組織として再編され，本田技術研究所として分社化された。新しい組織からは部長や課長といった肩書きはなくなり，所長以外は一様に研究員となった。新所長に就任した工藤義人は藤沢の狙いを次のように代弁した。「従来の課長，係長といったライン組織においては高度の研究技術者が技術者と管理者の二重の立場に置かれることにより，管理業務にも時間をとられ，頭脳活動のエネルギーも消費されがちである」，「管理的地位につく事が立身の道であるという研究技術者本来としては誤った考え方も生じていた傾向がある」（工藤［1960］）。そして新組織をつぎのように評価した。「有能な技術者の能力や成果が管理面とは別個に高く評価され…，技術者はその本来の姿で安心して専門に打ち込んでいける」（同上）。

藤沢の組織改革は，研究開発部門にとどまらなかった。1968年には「エキスパート制度」と呼ばれる専門資格制度を生産技術分野へ導入，翌年には，営業や経理へも導入した。エキスパート制度とは，技術系と事務系のそれぞれの仕事に関する専門能力によって認定されるもので，年功とは関係なく実力のみで決定される。エキスパートに認定されれば，それぞれの専門家として，普段所属しているライン部署を越えたプロジェクトに動員される（本田技研工業広報部編［1999］）。それは個々の従業員がライン組織にありながら，同時に専門スタッフでもあるような組織が目指されていた。藤沢武夫による一連の組織づくりは，1954（昭和29）年から構想されて68年に完成した。その意図するところは，天才能力の組織による継承，ただ1点であった。「天才とまではいかなくとも，だれでもその人その人のもっとも得意とするところのもの，専門があるはずだから，各々がそのひとつのものを突き進んで研究していく。その得意とするところのものに，その人の能力が最大限に発揮され，その成果が横につながり，がっちりとスクラムを組んで，全体としてすばらしい成果を上げる。…これなら天才がいなくてもやっていける」（藤沢［1960］）。

■ おわりに

周期的に，また突発的にやってくる経済不況に対して，自動車メーカーは基

本的に脆弱である。また，好況期に大きく業績を伸ばした企業ほど，反動的に不況期の落ち込みが大きい。ホンダもこうした傾向から逃れているわけではないが，しかしながら相対的にうまく乗り切ってきた。それはなぜなのか。本章では，ホンダと同業他社と比べたとき，不況期の業績が底堅いのと，好況期に大きく業績を伸ばすという点を指摘した。

　ROAが長期にわたって業界平均を上回る企業は競争優位と定義できる。したがって，ホンダは創業以来，競争優位の位置にある。その理由として本章では，不況期に投入された商品が大きく売上げを伸ばし，同社の基幹商品となるというパターンが繰り返されてきた点，同社の二輪車と四輪車からなる事業構成が不況への耐性を生んでいる点，製品ライフサイクルにおいて先行する二輪車事業によって得られた事業経験が，のちに四輪車事業において活用できるという「先行経験の優位」が存在していることを明らかにした。

　さらにこれらの特徴の背後に，創業者である本田宗一郎の経営理念と個人の能力が，組織によって代替され継承されてきたことを忘れてはならない。そのことが可能になったのは，共同経営者である藤沢武夫が，早期の段階から本田宗一郎の個人的属性のなかで最良の部分を組織で継承することに心血を注いだからである。2代目社長の河島喜好をはじめとする歴代の社長が，創業者が創出した企業の原点を再解釈し，時代に合わせて適用してきたことは，ここで繰り返すまでもない。

　最後に，今後のホンダの課題について付言しよう。それはグローバル化の範囲が拡大するなかで，とりわけ新興国市場における顧客価値を具体的な形にできるか，という問題である。一例をあげると，世界最大の二輪車市場である中国において，いまだに「中国版スーパーカブ」が現れていない。もちろんこれは容易な課題ではない。50年間積み上げた社内の設計基準，品質基準に替わるだけの，体系的な現地基準を作ることができるのか。「小さな本田宗一郎」を国籍の違い，時代の違いを超えて養成し，その力を結集できるか。そして何よりも二輪車や四輪車を初めて購入する大衆の夢の実現を，真にホンダの夢とできるのか。

　すなわち，藤沢武夫がかつて行った組織構築を，グローバルレベルでもう一度やれるのか。そこが焦点となるであろう。

〈注〉

1）競争優位の定義については，ひとまず経済学の教科書の定義に従う。例えば「企業（あるいは多角化企業の一つの事業部）が同一市場の平均より高い経済利益率を得ているとき，その企業は市場内において競争優位（competitive advantage）があると言う」(Besanko, Dranove and Shanley, 2002)
2）筆者は，同社の50周年社史編纂室に出入りしていた際，社内でこのような不況期におけるヒット商品を「神風」と称していたのを耳にした。
3）以下は，太田原［2003］から抜粋したものに加筆修正したものである。

〈参考文献〉

太田原準［2003］「本田宗一郎の経営思想」渡辺峻・角野信夫・伊藤健市編著『やさしく学ぶマネジメントの学説と思想』ミネルヴァ書房。
太田原準［2009］「工程イノベーションによる新興国ローエンド市場への参入―ホンダの二輪車事業の事例―」『同志社商学』第60巻第5・6号。
太田原準［2010］「戦後自動車産業における組織能力の形成―ホンダの製品開発組織を中心に―」『講座日本経営史第5巻 経済大国への軌跡』ミネルヴァ書房。
太田原準・岩田裕樹［2008］「環境技術開発をめぐる競争・提携・摩擦―環境保全：トヨタとビッグ3を中心に―」塩見治人・橘川武郎編著『日米企業のグローバル競争戦略―ニューエコノミーと「失われた10年の再検証」―』名古屋大学出版会。
河島喜好［1988］「言えば，できる会社」『ホンダ社報特別号』4月，23頁。
工藤義人［1960］「所長談話」『ホンダ社報』6月臨時号，2頁。
藤沢武夫［1960］「研究所のあり方について」『ホンダ社報』6月号，4頁。
本田技研工業広報部編［1999］『語り継ぎたいこと チャレンジの50年』70～73頁。
本田技研工業有価証券報告書，各年度版。
本田社報編集局［1958］「輝くホンダ180件の誇り」『ホンダ社報』10月号，13～14頁。
本田社報編集局［1959］「当社の社会的評価」『ホンダ社報』2頁。
本田宗一郎［1952a］「資本とアイデア」『本田月報』3月号，1頁。
本田宗一郎［1952b］「世界的視野に立って」『本田月報』10月号，1～2頁。
本田宗一郎［1954］「科学と云う名のレール」『本田月報』3月号，3頁。
本田宗一郎［1955a］「夢を喰う話」『本田社報』3月号，4頁。
本田宗一郎［1955b］「本田ズバリ」『明和報』2月号，2頁。
内閣府景気統計ページ http://www.esri.cao.go.jp/jp/stat/menu.html，2010年7月5日閲覧。
中山健一郎［2003］「日本自動車メーカーのマザー工場制による技術支援―グローバル技術支援展開の多様性の考察」『名城論叢』第3巻第4号。

中山健一郎［2009］「経済危機にみる日本自動車メーカーの生産システム対応―タイ経済危機と世界同時不況にみる相違」第4回中日経営フォーラム（華東理工大学）報告集。

『日経ニーズデータベース：NEEDS Financial Quest』http://www.nikkei.co.jp/needs/, 2009年12月26日閲覧。

日経ベンチャー編［1992］『本田宗一郎と松下幸之助―天才は神様を越えたか―』日経BP社，23頁。

野中郁次郎・竹内弘高（1996）『知識創造企業』東洋経済新報社。

本田技研工業有価証券報告書，各年度版。

三嶋恒平［2010］『東南アジアのオートバイ産業』ミネルヴァ書房。

Barnard, C. I. [1938] *The Fuctions of the Executive*, Harvard University Press.

Besanko, D., D. Dranove, and M. Shanley [2000] *Economics of Strategy*, 2nd ed, John Wiley & Sons.

Takeuchi, H. and I. Nonaka [1986] "The New New Product Development Game," *Harvard Business Review*, January-February.

Shook, R. L. [1988] *Honda, An American Success Story*, Prentice Hall Press.

第8章

モータリゼーションを支えた製品と戦略
―鈴木道雄・石橋正二郎―

長谷川　直哉

■ はじめに

　明治期におけるわが国の工業化は，欧米諸国からの先進技術の導入が大きな役割を果たした。とくに生産財，投資財，軍需財などの分野では，諸外国から導入された技術をもとに近代産業が発展する。一方，一般庶民の生活に直結する生活必需品は，在来産業を基盤とする企業が担っていた。

　わが国の産業革命は，1885（明治18）～1910年にかけて進展した。明治政府は官営工場の設立を通じて基幹産業の育成を図った。その結果，明治中期以降，工業化は急速なテンポで進展しいく。こうした工業化に歩調を合わせるように，在来産業の就業者数も増加していった。工業化の進展によって在来産業は駆逐されたのではなく，むしろ自己革新を通じて伝統的な生産様式や経営スタイルを変革し，徐々に近代産業へ進化したのである。

　在来産業を基盤とした企業家活動の代表的事例が鈴木道雄（スズキ株式会社創業者）と石橋正二郎（株式会社ブリヂストン創業者）である。静岡県浜松市を中心に活躍した鈴木道雄は綿織物業という在来産業を基盤に自動織機の製造業をはじめ，戦後はオートバイ・軽自動車メーカーへと転身を遂げた。一方，石橋正二郎は家業の仕立物屋を足袋専業メーカーへ発展させ，その過程で蓄積したゴム加工技術を基に自動車タイヤの国産化を実現している。

　両者の共通点は，在来産業から生まれた技術力をベースに，その成長過程で

鈴木道雄
（出所）スズキ編［2002］。

石橋正二郎
（出所）ブリヂストン社ホームページ。

関連分野の需要を派生し，保有する既存分野の技術を生かして他業種への進出が図られている点にある。継続的な経営革新と既存技術のイノベーションが新しいコア技術を生み出し，それらが相互に関連しあうことで事業ドメインの変革が可能となったのである。彼らは確固たる信念にもとづく強いリーダーシップによって，モータリゼーションを支える近代産業の確立に向けて果敢に挑んだ。本章では，大胆かつ大規模な事業ドメインの転換を実現した両者の経営構想力とリーダーシップについて振り返ってみたい。

鈴木道雄 ── 軽自動車のフロンティア

1 自動織機のブランド戦略

(1) 織機との出会い

　鈴木式織機株式会社および鈴木自動車工業株式会社（現・スズキ株式会社）創業者の鈴木道雄は，1887（明治20）年，静岡浜松市に農家の次男として生まれた。尋常小学校を卒業すると大工の親方今村幸太郎のもとへ弟子入りする。日露戦争後，今村が足踏織機の製作へ転向したことから織機製作の基本を

学ぶことになる。

　浜松市を中心とする遠州地方では，豊田佐吉に代表される小巾織物用の力織機作りが盛んであった。1900年頃から，豊田式織機による織布工場が小規模ながら設立されている。徒弟奉公が終了した道雄は，独力で力織機作りを始める。木鉄混製の足踏織機を3～4日に1台の割合で作り上げていた。彼が作り出す織機は従来の製品に比べて生産性が高く，これが評判を呼んで注文が舞い込むようになった。自信を得た道雄は，1909年に鈴木式織機製作所を設立し，力織機の量産化へ向けた第一歩を踏み出す。

　製品開発力が企業間競争に大きな影響を及ぼすことはいうまでもない。後発組の鈴木式織機が生き残るためには，イノベーティブな製品作りを目指す以外に方法はない。当時主流であった1挺杼足踏織機は，白生地の木綿を織ることに適していたが，縞模様を織ることはできなかった。道雄は機織業者との対話を通じて，縞模様織りが可能な織機に対するニーズの高さに気づく。

　開発に着手してからわずか1カ月後，先染糸を使って横縞柄模様が織れる2挺杼足踏織機が完成した。この革新的な織機の登場に織機メーカーは大きな衝撃を受けた。この製品に盛り込まれた技術によって，道雄は初めて実用新案（実用新案第26199号：1912年登録）を取得した。この技術は多挺杼織機製作の基幹技術となり，その後もさまざまな場面で活用されていく。2挺杼足踏織機のマーケットは，遠州地方はもとより尾張，足利，青梅，播州（兵庫），富山，新潟等の織物産地へ拡大していった。

(2) 鈴木ブランドの確立

　1920（大正9）年，鈴木式織機製作所は鈴木式織機株式会社へ改組された。愛知県へ移転した豊田自動織機を除くと，遠州地方の織機メーカーで株式会社形態を採っていたのは遠州織機（現・エンシュウ株式会社）と鈴木式織機の2社のみ。

　鈴木式織機の急成長を支えたのは，道雄が生み出すイノベーティブな力織機である。豊田自動織機や遠州織機など多くの織機メーカーは，白生地用の織機を生産していた。一方，鈴木は染色した糸を使用する縞柄用織機の生産に特化していく。鈴木式織機が4挺杼自動織機を開発するまで，縦横縞柄織りができ

サロン織機
(出所) 筆者撮影 [2004]。

る織機は存在していない。競合する企業の少ない縞柄専用織機に注力することで，鈴木式織機は比較的安定した成長軌道を維持することができた。

　1929 (昭和4) 年10月，ニューヨーク株式市場の大暴落をきっかけに世界恐慌が発生。経済環境が悪化するなかで，道雄はサロン織機と呼ばれる革新的な製品の開発に成功する (特許第88338号：1930年登録)。サロン (Sarong) とは東南アジアのイスラム教徒が愛用した腰巻風の衣料品であり，イギリス，オランダ，インド等が主な生産国となっていた。もちろん，道雄以外にサロン織機の開発を手掛ける企業家はいなかった。

　サロン織機の魅力は，製造コストを大幅に低減させたことにある。男性用ハンカチを例にとると，サロン織機は従来型の織機に比べ，杼換カード設備費を約9割削減することに成功している。サロンの輸出は遠州地方の綿織物業界に大きな恵みをもたらした。一方，道雄も縞柄専用織機のトップメーカーとしてのブランドを着々と築いていた。

　遠州地方でサロン製織を支えていたのは，織機台数20台以下の中小機織業者である。資金力は乏しいものの，彼らはサロン織機をわれ先に購入した。それを可能にしたのは月賦販売である。当時としては珍しい月賦方式を取り入れた背景には，これまで会社を支えてくれた中小機業家への強い思いがあったからにほかならない。

　道雄は常に顧客を意識した製品開発を心掛けた。「事業というものはただ良いものをつくるだけではだめで，それが有利に売れなければ成り立つものではない」という考えを持っていた (鈴木自動車工業編 [1960])。彼は機織業者からの些細な依頼にも真摯な態度で臨み，故障した織機を徹夜で修理することは当たり前。修理された織機に新しい工夫が施されていることも少なくなかった。こうして道雄は地元の中小機織業者から頼れる存在として信頼を勝ち得て

いく。鈴木ブランドは，顧客との草の根交流によって築かれていた。

2 オートバイ事業への進出

　鈴木式織機にとってオートバイ事業は2つの大きな意味を持っている。第1は本田技研が決定的な競争優位を確保するなかで，フォロワーとしてオートバイ事業に参入し，本田技研，ヤマハ発動機とともに三大メーカーの一角を築いたことである。第2はオートバイ事業への参入が自動車開発への道を開いた点にある。

(1) 経営危機から生まれたオートバイ事業

　本田技研が本格的なオートバイ生産を始めていた1950（昭和25）年頃，鈴木式織機は労働争議の打撃から極度の経営不振に陥っていた。この苦境を豊田自動織機の金融支援と朝鮮特需によって辛うじて乗りきったものの，自動織機の将来性には陰りが見えていた。経営危機を打開する目的で新事業にチャレンジしたが，いずれも事業化にはいたらなかった。

　1951年，道雄の娘婿である鈴木俊三常務の着想をもとに，開発部門がバイクモーターの試作に着手する。これがオートバイ事業に進出するきっかけとなった。開発メンバーには，戦争によって中断した自動車試作に係った者も多く，何よりオートバイエンジンを試作した経験を持っていた。

　半年以内に事業化せよという号令が下り，開発陣は1952年4月に2サイクル，36cc，0.7馬力の「パワーフリー号」を開発する。俊三はフォロワー企業が生き残るためには，先行企業にないオリジナリティを盛り込む必要性を感じていた。彼は「パワーフリー号」の開発陣に次のような課題を与えた。

パワーフリー号（1952年）
（出所）スズキ編［2002］。

①安定性を高めるためモーターの装着位置を車体中央部とする。
②自転車チェーンをそのまま使用して駆動する。
③ペダルも楽に使用できるようにする。
④ペダル部分にフリー装置をつける。

この要求に沿って，開発陣は「ダブル・スプロケット・ホイル」を生み出す。他社のバイクがベルト駆動であったのに対しチェーン駆動方式を採用し，足踏みからエンジンへ，エンジンから足踏みへの自由な切り替えを可能とした。さらに始動の容易さ，操作の簡便性，絶大な耐久力などオリジナリティに溢れる付加価値を盛り込むことに成功したのである。

1952年7月，道路交通法が改正され原動機付自転車（2サイクルは60ccまで，4サイクルは90ccまで）については無試験許可制となった。この法改正を受けて排気量60ccのダイヤモンド・フリー号が開発された。ダイヤモンド・フリー号は，高出力（2馬力）と二段階変速という機能が評価され，1台38,000円という高価格にもかかわらず，月産6,000台を超えるヒット商品となった。

(2)　オートバイ完成車の開発

　鈴木式織機がダイヤモンド・フリー号の量産化に踏み切った頃，本田技研はオートバイ完成車メーカーとして着実に歩み始めていた。ダイヤモンド・フリー号の成功で自信を得た俊三は，オートバイ完成車の開発に着手する。1953年12月，4サイクル90ccの「コレダ号CO型」が完成する。本田技研に遅れること約5年，鈴木式織機もオートバイ完成車メーカーの仲間入りを果たす。

当時のオートバイ業界の動向を振り返っておこう。かねてからオートバイ事業への進出を計画していた日本楽器（現在のヤマハ）は，1954年10月，オートバイ完成車第1号（ヤマハ125）を発表し，オートバイ事業への参入を果たす。日本楽器

コレダ号ST5号（1958年）
（出所）冨塚 [2001]．

は，楽器生産や軍需工場時代のプロペラ生産によって培った精緻な工作技術と合理化された生産体制を持ち，競合会社にとっては大きな脅威となった。この年は本田技研，鈴木式織機，日本楽器という現在の三大メーカーがオートバイ事業へ参入した記念すべき年であるとともに，既存メーカーの淘汰が始まった年でもあった。

　1954年9月，運転免許制度が改訂され，原動機付自転車は第1種50cc以下，第2種51cc以上125ccまでの2系統に整理された。さらに，第2種までは実技試験が免除され許可証のみで乗れることになった。この改正によって，それまで免許証の取得がネックで買い渋っていた潜在的な需要の掘り起こしが期待され，オートバイメーカーは実用性の高い125ccクラスの新車開発に注力していった。鈴木式織機は，「コレダ号CO型」のエンジンを90ccから125ccに拡大する一方，新たに2サイクルエンジン（125cc）の開発に着手する。

　鈴木式織機は，2サイクルエンジンを選択した理由として①4サイクルエンジンに比べ出力・性能面でより優れている，②構造が簡単で取扱いが容易であるという2点を挙げている。4サイクルエンジン分野で本田技研をキャッチアップすることは難しく，また，財務基盤が弱く製造コストを抑える必要があったことなどから，鈴木式織機は経営上のメリットが大きい2サイクルエンジンへの志向を強めていく。2サイクルエンジンの開発は，騒音低減と耐久性向上という二大コンセプトのもとで進められた。新たに開発された「コレダ号ST型125cc」は，総生産台数が10万台に及ぶヒット製品となった。

　フォロワーが市場で認知されるためには，製品力を高めることが最大の武器となる。俊三は製品力をアピールする場として，オートバイレースへ参戦する。幸いにも好成績を続けたことで，オートバイメーカーとしてのブランド価値は日増しに高まった。多くの企業から販売代理店の申し入れが相次ぎ，全国規模での販売網整備が進んでいく。

　オートバイ事業の成功には，自動織機の生産を通じて蓄積された技術的ナレッジが寄与したことはいうまでもない。鋳物，機械加工，部品加工などの技術はオートバイ生産に直接転用された。自動車エンジンの研究やバイクエンジンの試作経験を持つ技術陣にとって，先行企業の製品をベースに多少の付加価値をつけた製品を開発することは，それ程難しいことではなかった。本田技研

表8-1 主要メーカー別二輪車生産台数

(単位：台)

会社名	車名	1950年度	1951年度	1952年度	1953年度	1954年度	1955年度	1956年度	1957年度	1958年度	1959年度	1960年度
本田技研工業	自動二輪車					120	1,243	1,719	2,557	2,840	3,771	4,848
	軽自動二輪車	924	3,282	14,188	30,344	29,419	20,632	28,442	36,939	58,484	68,726	85,293
	原付自転車						20,293	30,275	45,475	49,886	80,639	108,511
	合計	924	3,282	14,188	30,344	29,539	42,168	60,436	84,971	111,210	153,136	198,652
ヤマハ発動機	自動二輪車								270	298	284	639
	軽自動二輪車						576	6,698	9,665	12,770	31,425	25,444
	原付自転車						2,452	4,389	8,804	18,033	39,198	39,532
	合計	0	0	0	0	0	3,028	11,087	18,739	31,101	70,907	65,615
鈴木自動車工業	軽自動二輪車							3,059	4,481	5,907	7,050	11,683
	原付自転車						12,518	17,554	28,482	34,085	45,118	46,201
	合計	0	0	0	0	0	12,518	20,613	32,963	39,992	52,168	57,884
丸正自動車製造	自動二輪車					217	153	5			227	326
	軽自動二輪車		496	2,443	6,435	4,274	4,580	6,381	6,117	3,826	7,406	5,724
	原付自転車						3,358	3,546	2,161	4,329	3,608	5,263
	合計	0	496	2,443	6,435	4,491	8,091	9,932	8,278	8,155	11,241	11,313
北川自動車工業	軽自動二輪車				4,458	4,692	3,155	1,848	769	377		
	原付自転車							1,844	570	41		
	合計	0	0	4,458	4,692	3,155	3,692	1,339	418	0	0	0

（出所）小型自動車新聞社編［1958］より筆者作成。

に比べてイノベーティブではなかった鈴木式織機や日本楽器がオートバイ事業で成功したのは，企業としての総合力が優れていたからにほかならない（太田原［2001］）。

3 軽自動車メーカーへの飛躍

　1937（昭和12）年，サロン織機の生産はピークに達したが，この頃から道雄は織機に代わる新事業を模索していた。彼はオートバイ事業への参入によって自動織機に代わる新たな事業ドメインを見出したが，成功の陰には戦前からの自動車開発を通じて蓄積された技術的ナレッジの存在が大きな力となった。

　道雄の本心は自動車事業への早期参入にあったが，俊三をはじめとする反対派の強い反対を受けた。道雄は自動車事業へ参入する余地を残しながら，当面は経営再建という課題を優先するためオートバイ事業に注力する決断を下す。

　予想を上回るオートバイ事業の成功によって，自動車事業への参入を巡る激

しい議論が再燃する。推進派（鈴木道雄）と反対派（鈴木俊三）の対立が先鋭化し，社内にも動揺が広がった。

(1) 自動車製造事業を巡る確執

1953年4月，道雄は小型自動車の開発を決断し，鈴木三郎取締役製造部長をリーダーとする開発チームを組織する。彼は戦前の自動車開発でリーダーを務めた経歴を持っていた。オートバイ事業の成功によって新事業への投資余力が生まれたことから，小型自動車開発に着手したのである。しかし，役員や取引銀行のなかには反対論も根強く，開発作業がスタートしたのは翌年1月のことである。

自動車開発は道雄の直轄プロジェクトとして行われた。開発チームは鈴木三郎以下，総勢5名のスタッフで構成された。チームメンバーの多くは浜松高等工業学校（現・静岡大学工学部）出身の若手エンジニアで占められていた。しかし，彼らには自動車を製造した経験がない。そこで，ダットサンや米国製ポンティアックなどを分解しながら，自動車の基本メカニズムを学ぶところから始めたのである（稲川「1992」）。

株主総会の承認を経て，道雄は1954年6月より「鈴木自動車工業株式会社」（以下，鈴木自工）へ改称する。オートバイメーカーの社名は，ヤマハ発動機，日本高速機関工業，東京発動機にみられるようにエンジン製造を表わすものが多かった。試作車さえも完成していない段階で，敢えて「自動車」という文言を社名に加えたことに，道雄の並々ならぬ執念を感じる。

道雄の強力なリーダーシップの下で，自動車開発は異例の速さで進む。戦前の自動車開発で蓄積された技術的ナレッジも大いに寄与した。開発チームはドイツ製フォルクスワーゲン・ビートル，ロイトLP400，フランス製シトロエン2CV，ルノー4CVを購入し研究を進めた。走行性能，整備性，自社の技術水準を勘案してドイツ製ロイトLP400をベース車とし，FF（フロントエンジン・フロントドライブ）方式，2サイクルエンジンを持つ試作車の製造に着手する。

1951年に施行された道路運送車両法にもとづく道路運送車両法施行規則で，4サイクルは360cc，2サイクルは240ccと定められた。鈴木自工のエンジン

開発もこの規格に沿って行われた。しかし，1955年4月に道路運送車両法施行規則が一部改正され，エンジン型式に関係なく軽三輪車および軽四輪車は360ccに統一された（全国軽自動車協会連合会編［1979］）。これを受けて開発陣は，新たに排気量360cc，2サイクルエンジンを完成させたのである。

(2)「スズライト」の完成

1954年10月，開発チームは2台の試作車を完成させた。道雄は自ら試作車に乗り込み，東京までの長距離走行テストを行う。最大の難所である箱根を無事踏破し東京を目指した。東京に到着すると梁瀬次郎（梁瀬自動車社長）を訪ね，試作車の評価を委ねた。梁瀬は試作車を高く評価し，道雄に対して量産化を促している。

1955年4月，第3号試作車が完成。この試作車をベースにセダン，ライトバン，ピックアップの3車種が型式認定を取得し「スズライト」と命名された。自動車開発に着手してから18年が経過していた。

完成車メーカーとしての一歩を踏み出したものの，鈴木自工の生産能力は月産4～5台程度に過ぎなかった。当面の生産目標を30台とし，販売価格はセダン42万円，ライトバン39万円，ピックアップ37万円に設定された。しかし，生産体制の不備や販売網の未整備によって量産効果は発揮できず，自動車事業の赤字は拡大の一途をたどる。幸いにも好調なオートバイ事業の収益が支えとなり，自動車事業は継続された。

軽自動車の礎を築いたスズライトの特徴を振り返ってみよう。
1) 小型オートバイ向きとみられていた2サイクルエンジンを初めて四輪車に搭載。
2) FF方式（フロントエンジン・フロントドライブ），ラック・アンド・ピニオン操舵装置による画期的な操作性。
3) 軽自動車免許（スクーターと同格）で運転が可能。
4) 車体検査の必要がなく，税金は1,500円（小型車は16,000円），自動車保険料は年額800円（小型自動車は2,410円）と維持費が安価。
5) 360cc空冷2サイクル2気筒エンジンは出力加速が大きく，FF方式であるため走行安定性や室内居住性が高い。

6) セダン，ライトバン，ピックアップのラインアップで多様なニーズに対応可能。

妥協を廃した自動車開発を推進する過程で，道雄は実用性と耐久性を重視した。スズライトに盛り込まれた高水準の技術も，堅実で実用性の高い自動車に仕上るための手段に過ぎなかった。彼が求めたものは，人の暮らしに役立つ道具としての自動車である。実用性と耐久性を重視する姿勢は織機メーカー時代から一貫しており，それはオートバイや軽自動車の製品コンセプトにも如実に示されている。

鈴木自工の自動車開発で忘れてはならないのが協力会社の存在である。協力会社のなかには戦前から取引のある企業も多く，織機の不振は協力会社にとっても深刻な事態であった。オートバイと軽自動車の成功は，協力会社にも新たな活路を開いていく。1955年当時，協力会社で構成されるフリークラブ会員企業は50社を数えた。彼らの技術的ナレッジも，鈴木自工が新たな事業ドメインを切り開く際に大きな支えとなった。

(3) 軽自動車のリーディングカンパニー

スズライトの量産化を巡って，社内では推進派と反対派の対立が再び激しくなっていた。道雄をはじめとする推進派は，オートバイ事業の収益を自動車事業に投資すべきであると主張したのに対し，反対派は依然として自動車事業そのものに懐疑的であった。反対派は自動車に対する国内需要や同社の財務基盤の弱さなどから，量産化は時期尚早であるとみていたのである。

スズライトの量産化が見送られたことで，オートバイ事業の好況により同社の経営基盤は安定していく。1957年，道雄は社長の座を娘婿の俊三（専務）に譲る。社長辞任後，道雄は会長職にも就かず経営の第一線から完全に身を引く。自動車事業に慎重な姿勢を示してきた新社

スズライト（1955年）
（出所）小関［1997］。

長はオートバイ事業を中核とした戦略を維持し，スズライトの量産化は事実上棚上げされた。

当時の自動車業界の動向を振り返っておこう。スズライトが発売された1955年，通産省は国民車構想（国民車育成要綱案）を明らかにした。この構想は，軽自動車の量産化を目指す鈴木自工に明るい希望を与えるものであった。道雄は通産省自動車課を頻繁に訪問し，乗用車とトラックのいずれに重点をおくべきかについて意見を求めている（小磯［1980］）。国民車構想は，正式な省議決定を経て公表されたものではないが，自動車工業会加盟9社（トヨタ，日産，いすゞ，日野，三菱日本，新三菱，民生ディーゼル，富士精密，オオタ）は，国民車構想で示された規格に反対を表明する。国民車構想で示された製品規格は軽自動車の規格に最も近く，これによって軽自動車開発に拍車がかかっていく。

1958年，富士重工から発売されたスバル360は，国民車構想を意識して開

表 8-2　鈴木自動車工業の生産台数推移

(単位：台)

年	二輪車部門				二輪車計	四輪車部門			四輪車計
	50cc以下	125cc以下	250cc以下	250cc超		乗用車	商用車	800cc	
1952年	9,993	0	0	0	9,993	0	0	0	0
1953年	37,251	5	0	0	37,256	0	0	0	0
1954年	25,699	6,336	0	0	32,035	3	0	0	3
1955年	11,279	11,267	0	0	22,546	28	0	0	28
1956年	14,129	15,783	2,525	0	32,437	228	0	0	228
1957年	18,150	19,754	3,933	0	41,837	399	0	0	399
1958年	41,802	27,216	4,535	0	73,553	480	0	0	480
1959年	22,173	41,586	3,147	0	66,906	480	677	0	1,157
1960年	93,602	36,730	15,857	0	146,189	0	5,824	0	5,824
1961年	108,456	43,680	6,604	0	158,740	0	13,283	0	13,283
1962年	84,224	77,300	4,055	0	165,579	0	33,792	0	33,792
1963年	126,388	140,002	4,595	0	270,985	1,551	38,295	0	39,846
1964年	182,447	191,514	6,377	0	380,338	1,792	39,087	27	40,906
1965年	122,474	188,925	22,965	0	334,364	1,370	40,210	457	42,037
1966年	191,825	211,243	44,404	0	447,472	2,147	64,704	1,316	68,167
1967年	203,151	174,869	23,584	937	402,541	26,052	89,577	563	116,192
1968年	173,775	176,421	5,932	10,482	366,610	93,133	96,878	279	190,290
1969年	222,243	151,450	18,177	8,747	400,617	121,654	116,403	108	238,165

（出所）鈴木自動車工業編［1970］より筆者作成。

発された軽自動車である。スバル360は軽自動車初の量産車として，マイカー需要の発掘に成功。1961年，同車の生産台数は21,800台に達し，軽自動車ナンバー1の座を獲得する。1961年におけるスズライトの生産実績は13,283台であり，スバル360の5割程度の水準に過ぎなかった。

1959年，わが国に甚大な被害もたらした伊勢湾台風の襲来によって，鈴木自工の四輪車工場が壊滅した。これまでオートバイ中心の事業戦略を進めてきた俊三は，四輪車工場の再建を機にスズライトの量産化を決意する。経営戦略の一大転換ともいえる決断の背景には，国民車構想やスバル360の成功が大きく影響したことは想像に難くない。

発売当初，スズライトは3車種のラインアップを持っていたが，量産化に際して物品税がかからず乗用・貨物双方に利用可能なライトバンの1車種に絞られた。これによって生産プロセスの効率化が進み量産効果が生まれた。軽自動車メーカーへの実質的な第一歩はこの時から始まったのである。

石橋正二郎 ── 自動車タイヤのトップブランド

1 市場創造とブランド戦略

(1) 家業からビジネスへ

株式会社ブリヂストンの創業者である石橋正二郎は，1889（明治22）年，福岡県久留米市内で仕立物屋を営む「志まや」の次男として生まれた。幼い頃は病弱で目立つことの少ない子供だった。1902年，最年少の生徒として久留米商業学校に入学。当時，商業学校は全国で30校余りしかなくきわめて狭き門であった（石橋正二郎伝刊行委員会編［1978］）。

久留米商業時代，正二郎はのちに衆議院議長となる石井光次郎や洋画家として文化勲章を受章する坂本繁二郎と出会う。正二郎はやがて政治家の鳩山一郎や吉田茂と深い交流を持つことになるが，石井が自由党に入党した背景には正

二郎の勧めがあったともいわれる。正二郎は坂本との交流を通じて絵画への造詣を深め，収集した絵画は石橋コレクションとして世界的に名高い。

卒業を控え正二郎は神戸高等商業への進学を希望するが，父徳次郎の許しを得ることはできなかった。同級生らが進学する姿を横目にみながら，その悔しさは計り知れないものがあった。しかし，正二郎の切り替えは早かった。家業を継ぐ決心をした正二郎は「何としても全国的に発展するような事業で世のためにもなることをしたい」と決意を新たにする（石橋正二郎伝刊行委員会編 [1978]）。

父徳次郎は兄弟の性格を踏まえて，外向的な長男重太郎に渉外や営業を命じ，緻密で論理的な正二郎には経営管理を任せた。「志まや」は種々雑多な商品を受注してから生産する効率の悪い商売を行っていた。17歳の正二郎が断行した経営改革の第一弾は，事業ドメインのリコンストラクションであった。これまで行ってきた多品種の受注生産を廃し，足袋専業へ事業を集中させたのである。さらに，これまで無給だった徒弟を職人として有給で雇用し，従業員のモチベーションを高めている。正二郎は零細な家内工業から脱却し，近代的な経営マネジメントを導入した工場生産へと事業革新を進めていく。

1908年，機械化の第一歩として，新工場の建設，石油発動機や動力ミシンなどの設備投資，工員30人の新規採用を行った。足袋専業へ移行する前の生産能力は日産280足だったが，専業転換後は日産700足へ増加した（ブリヂストン編 [1982]）。その後，正二郎の経営改革は，①適正利潤の設定，②ブランドの確立という2点を中心に進められていく。

適正利潤という経営哲学の導入とブランティングの手法は，正二郎の経営構想力の中核をなすものであった。適正利潤とは，売上高の10%を適正利潤と設定し，そこからコストや価格を設定する方法である。企業で幅広く活用されている価格決定方法にコスト加算方式がある。これは，直接費と間接費に一定の利幅を加えたものを価格とするものであり，企業サイドからみると安定的

表8-3 志まや足袋販売実績

年	販売高（足）
1906年	90,000
1907年	134,000
1908年	148,000
1909年	232,000

（出所）石橋正二郎伝刊行委員会編 [1978]。

な経営が見込める価格決定方法である。企業間競争が激しい市場では，コスト加算方式で算出された価格を顧客が受け入れなければ，単なる希望価格として終わるリスクも高い。

当時の久留米には足袋メーカーの先駆者である倉田雲平が創業した「つちやたび」（現在の株式会社ムーンスター）の存在があった。さらに，関西

志まやたび工場
（出所）石橋正二郎伝刊行委員会編［1978］。

を地盤とする機械縫い足袋の魁（さきがけ）である福助足袋が進出しており，正二郎の周りにはライバル企業がひしめいていた。このような厳しい事業環境のもとで競合会社に打ち勝つためには，顧客に受け入れてもらえる価格を設定しなければならない。

正二郎はコストや価格を徹底的に切り下げることで顧客の支持を獲得し，併せて適正利潤を確保するという困難な課題を両立させていく。さらに，適正利潤の獲得から生み出されたキャッシュフローを活用して業容の拡大を図った。

足袋の性質上，売上高が減少する夏場は運転資金が不足し，これを補うために旺盛な借入需要が発生する。フォロワーである「志まや」は信用力が乏しく，資金調達に苦労していた。正二郎は借入金の返済期日を厳守することで信用というブランドを築くことに成功する。金融機関との密接な信頼関係は，事業革新を進めるうえで大きな力となった（石橋正二郎伝刊行委員会編［1978］）。

一方，顧客の心を掴むために，正二郎は独創的な広告手法を考案する。1912（明治45）年，彼は東京で初めて自動車に試乗する。そこで自動車を足袋の広告宣伝に活用するアイデアを思いつく。正二郎は購入した外国製オープンカーを派手な看板やのぼり旗で飾りつけ，九州全土を巡回させたのである。この宣伝

自動車による宣伝（1912年）
（出所）石橋正二郎伝刊行委員会編［1978］。

カーの威力は絶大であった。フォロワーとしての存在感をアピールするための大胆な広告活動は，見事な大成功を収めた。

　斬新なアイデア広告を打ち出した正二郎であったが，販促のみを目的とした広告宣伝には否定的な意見を持っていた。彼は多額の資金を広告に投入するよりも，品質改善に向けるべきであると考えた。それを裏づけるように知名度が上がるにつれて，「志まや」の広告活動はむしろ地味になっていく。度肝を抜くアイデアで人々の関心を惹きつけたにもかかわらず，正二郎は消費者の購買意欲を煽るだけの広告にはむしろ反対した。製品こそが最大の広告であるという信念から，広告へ過剰なコスト投入を避け，それを品質改善と低価格の実現へ向けている。

(2) 製品と価格のイノベーション

　1914（大正3）年，正二郎は業界の常識を覆す新製品を世に送り出す。安価な均一価格で売り出された「20銭均一アサヒ足袋」である。当時は足袋の種類やサイズによって，細かい価格設定がなされていた。生産体制の近代化と機械化が進んだ「志まや」では，良質な製品の大量生産が可能となっていた。正二郎は複雑な流通プロセスを改善し，顧客本位の製品開発に注力した。製造小売業としての正二郎の戦略は，定番のカジュアル衣料を高品質・低価格で提供し，顧客の支持を獲得しているユニクロの戦略に相通じるものがある。

　業界の反応はきわめて冷やかだった。同業者が均一価格足袋に参入したのは，アサヒ足袋発売の2年後だった。アサヒ足袋発売前の「志まや」の販売実績は60万足であったが，1918年には300万足へ拡大している（ブリヂストン編［1982］）。品質と価格の両面で顧客の心を掴んだアサヒ足袋は市場を席巻していった。

　1918年，正二郎は日本足袋株式会社（以下，日本足袋）を資本金100万円で設立し家業からビジネスへの転換を果たす。兄徳次郎（重太郎から改名）が社長に，自らは専務取締役に就任する。1921年，日本足袋はゴム底のついた足袋の開発に着手する。いわゆる地下足袋である。当時の一般的な労働者は，草鞋（わらじ）を使用していた。草鞋は耐久性に乏しく，素足で履くと破片や釘でケガをすることも多いため足袋は必需品であった。

草鞋の価格は一足5銭で，これに足袋代を加えると1カ月で1円50銭（年間約18円）が履物代として消えていた。当時の平均的な賃金が日給1円前後であったことを踏まえるとその負担は少なくない。ゴム底の付いた足袋は，日本足袋がオリジナルではない。1902年頃から近畿地方で生産されていた。しかし，ゴム底がはがれ易いという理由から普及していなかった。

地下足袋
(出所) ブリヂストン社ホームページ。

試行錯誤の末，日本足袋はゴム底の貼り付けにゴム糊を使用することで技術的な課題を克服し，アサヒ地下足袋の商品化に成功する。地下足袋という名称は日本足袋のオリジナル商標であるが，いまでは普通名詞として定着している。

地下足袋1足の価格は1円50銭。地下足袋の耐用年数はおよそ半年であり，地下足袋を使用した場合の履物代は年間3円となる。わらじ代の年間18円に比べると6分の1の節約となった。庶民は経済性が高く安全な地下足袋の出現を大いに喜んだ。1923年1月時点での地下足袋生産量は日産1,000足だったが，12月には日産10,000足へと飛躍的に増加する（ブリヂストン編［1982］）。

地下足袋景気に沸く日本足袋は，1923年10月からゴム靴（ズック靴）の生産を開始する。洋服の普及にともない，履物の主流が下駄や草履から靴へと移行する時期に差しかかっていた。日本足袋はこうした変化に着目し，安価なゴム靴の需要拡大を見込んだのである。その後，海外からゴム靴の注文が急増し，日本製ラバーシューズの輸出が国際的な貿易摩擦を引き起こしたほどであった。

足袋メーカー時代の企業間競争を振り返ってみよう。第1フェーズは同質化行動（模倣・改善活動）が繰り広げられる。ファーストムーバーは，地元久留米の「つちやたび」である。フォロワーである「志まや」は「つちやたび」の斬新な事業活動をなりふり構わず徹底的に模倣することで，ファーストムーバーへの同質化を試みている。

第2フェーズでは差別化行動が展開される。ここでのキーワードは価格破壊

である。第2フェーズのファーストムーバーは「志まや（日本足袋）」となり，フォロワーは「つちやたび」や「大手メーカー」である。「20銭均一アサヒ足袋」で「志まや」は大胆な差別化行動に打って出る。しかし，大手メーカーはこれを過小評価し「志まや」の独走を許す。この間「志まや」は消費者と販売店から信頼を獲得することに成功し，トップメーカーへと躍進を遂げていく。

　第3フェーズでは，再び同質化行動に戻る。ここでのキーワードは，製品イノベーションである。第3フェーズのファーストムーバーは引き続き「日本足袋」であり，フォロワーは「つちやたび」や「大手メーカー」である。第2フェーズでトップメーカーへ躍り出た「日本足袋」は，画期的な製品である地下足袋を開発する。しかし，全国的に粗悪な模倣品が出回り，特許侵害の訴訟が相次ぐ。和解に応じた企業にはロイヤリティの支払いを条件に地下足袋の製造販売を許可したため，足袋メーカー多くが「日本足袋」への模倣・改善活動を加速させていく。

2 国産タイヤへのチャレンジ

(1) ブリッヂストンタイヤ株式会社の創設

　正二郎が経営の基本としたのは，内部留保の拡大とその資金を活用した新事業の展開である。それを可能にしたのが，1923（大正12）年から展開した「三割躍進運動」。毎年3割ずつ増産することで，10年後に生産高を倍増させるというものである（石橋正二郎伝刊行委員会編［1978］）。売上高の10％を適正利潤として確保する方針を一貫してきたため，毎年30％増の生産実績を達成できれば内部留保も幾何級数的に拡大していく。

　めまぐるしく変化する社会経済環境のもとで，企業が生き残るためには自社の強み（コア技術）をベースとした新事業の創出が求められる。コア技術から派生していない新事業が成功する確率は低い。日本足袋もコアとなる履物技術をベースに，これにゴム加工という新技術を導入して地下足袋やズック靴へとリニア的に新事業を展開してきた。

　正二郎が次なる事業として目指したのは，自動車タイヤの国産化である。この決断は異分野への挑戦と評される。同社を履物メーカーという視点からみれ

ば，このような評価も決して誤りではない。しかし，同社のコア技術をゴム加工と位置づければ，このような評価は正鵠を射ているとは言い難い。日本足袋はその発展プロセスおいて，コア技術をゴム加工へと進化させた。つまり，既存技術をベースに新しい技術を取り込み，これらが相互に関連し合って成長を遂げたのである。さらに，ゴム靴の輸出でもみられた工業報国的な経営理念と持ち前のチャレンジ精神が，正二郎を自動車タイヤの国産化へと向かわせたのである。

　正二郎がタイヤ事業への参入を決意した頃，欧米諸国ではゴム工業の主力製品が自動車タイヤへと転換する時期へさしかかっていた。宣伝用に自動車を購入して以来，自動車を愛用していた。国内の自動車保有台数は，1912（明治45）年の512台から1926（大正15）年には乗用車40,070台，貨物自動車12,097台へと飛躍的に拡大していた（石橋正二郎伝刊行委員会編［1978］）。大正年間を通じて生産された国産車は595台に過ぎず，自動車タイヤは輸入品によって占められていた。1913年，英国ダンロップ社によって設立されたダンロップ極東株式会社がダンロップタイヤの国内生産を開始し，国内市場を制していた。これに対し，横浜電線製造株式会社（現在の古河電工）と米国グッドリッチ社の共同出資による横浜護謨製造株式会社は，1921年からコードタイヤの製造を開始した。関東大震災で事業は中断したが，1930年に横浜工場を再建し国産タイヤの生産を開始している。これらの2社のほか，森村財閥系の東京護謨工業と内外護謨が自動車タイヤの製造を試みたが，本格生産にはいたらなかった。

　正二郎の方針に対して，兄徳次郎をはじめ社内外からの強い反対が沸き起こった。しかし，わずかではあったが正二郎の考えに理解を示す者もいた。足袋事業を通じて知己を得ていた九州帝国大学君島武男教授と三井合名会社理事長の団琢磨である。ゴム研究の専門家である君島は技術面とコスト面の課題を指摘しつつ，タイヤ製造が決して不可能ではないことを示唆した。團はビジネスとしての将来性を認めたのである。

　正二郎は，1929（昭和4）年に日産300本の生産能力を持つタイヤ製造機械を発注し，日本足袋久留米工場の一角にタイヤ工場を設置した。翌年2月，正二郎は兄徳次郎に代り日本足袋の社長に就任する。その就任挨拶で自動車タイ

タイヤ試作
(出所) 石橋正二郎伝刊行委員会編 [1978]。

ヤ事業への参入を宣言している。さまざまな技術的課題を克服し，自動車タイヤの試作品が完成したのは同年4月のことであった。最大のネックは品質である。当然のことながら，日本足袋にタイヤの専門家はいない。そこで，ダンロップ極東株式会社から日本人技術者をスカウトして，品質の向上に努めた。

1931年，ブリッヂストンタイヤ株式会社が設立され，正二郎が社長に就任する。新会社は正二郎と徳次郎の共同出資の下，資本金100万円（出資比率は正二郎2：徳次郎1）で設立された。乗用車やトラックのほとんどが輸入車で占められており，外国製品のブランド力は圧倒的である。自動車タイヤもその例に漏れず，品質面での格差もさることながら，足袋屋のタイヤというイメージの払拭が求められた。

正二郎はフォロワーであるブリッヂストンがファーストムーバーであるダンロップや横浜護謨と互角に勝負するには，製品に対する信頼感を獲得することが絶対条件であると考えた。その結果導入された責任保障制は，クレームが発生した場合，無条件でタイヤを無償交換するという仕組みである。制度を悪用するユーザーも多く損失は少なくなかったが，正二郎はこれに耐えた。

1932年，ブリッヂストンタイヤは商工省優良国産品に認定された。さらに日本フォードの納入適格品として認められたのを皮切りに，日本ゼネラルモータース，クライスラーも相次いで純正タイヤとして採用している。ブリッヂストンタイヤの参入によって，これまで国内市場を支配していた外国メーカーは低価格路線を余儀なくされた。そのためタイヤ価格は大きく下落し，消費者に大きな恩恵をもたらした。

(2) 戦時下の経営

1937年5月，ブリッヂストンタイヤは，本社を久留米から東京へ移転する。これに先立つ4月，日本足袋株式会社は社名を日本ゴム株式会社へ改称してい

る。ブリッヂストンタイヤでは，創業時から原料である天然ゴムの安定供給に不安を抱えていた。ブロック経済化が進行するなかで，東南アジアの天然ゴム原産地がイギリスやオランダの支配下におかれていたことがその理由である。正二郎は天然ゴムの代りに合成ゴムを開発し，これを自動車タイヤの原料にすることを計画していた。1938年，ゴム配給統制規則が公布施行され，天然ゴムの確保が一段と難しくなった。1941年，正二郎は合成ゴムの製品化に成功し「BSゴム」と名づけられた

　戦況の深刻化によって，日本ゴムとブリッヂストンタイヤの経営にもさまざまな影響が押し寄せてきた。これまで日本ゴムの成長を支えてきた「三割躍進」経営は，原料となる天然ゴムに割当制導入や輸出制限によって，1937年をもって中断された。その後，同社は軍需品に指定された地下足袋，軍靴，防毒マスクの生産に追われていく。

　1939年，民間自動車のタイヤ・チューブの生産数量割当と配給統制が実施された。これを受けてブリッヂストンタイヤ（シェア27〜28％），ダンロップ（シェア42％），横浜護謨（シェア32〜33％）の3社間で，市場シェアを3分の1ずつ均等割りにすることや販売地域に関する協定が結ばれた（石橋正二郎伝刊行委員会編［1978］）。ブリッヂストンタイヤは九州から関西の一部までが販売地域とされた。1942年，軍部から敵性語に抵触するとの指摘を受け，社名を日本タイヤに改称している。1944年，日本タイヤは軍需会社の指定を受けた。先行するタイヤメーカーが2社とも外資系企業であったことも幸いし，純国産企業の日本タイヤは国内で優遇されていく。日本タイヤは自動車タイヤのほか，航空機タイヤ，防振ゴム，戦車用ソリッドタイヤ，防弾タンクなども生産した。これらの製品を巡って，陸軍と海軍による激しい争奪戦が繰り広げられた。

3　ブリヂストンの再生と技術革新

　戦後復興を迅速に進めるために，輸送手段の整備が必要となった。終戦直後，正二郎は自動車タイヤの生産は社会的使命であると意識するようになった。戦災を免れた久留米工場では，終戦からわずか2カ月後に自動車タイヤの

生産が再開された。

1951（昭和26）年2月，正二郎は「日本タイヤ」から「ブリヂストンタイヤ」へ社名を改めた。同年6月，世界のトップメーカーであるグッドイヤー社と生産・技術提携を結ぶ。第二次世界大戦中，正二郎は日本軍が接収したグッドイヤー社のジャワ工場の経営を委託されたが，これを無傷で返還したことが両社の絆を深めるきっかけとなった。

グッドイヤー社との提携内容は，①グッドイヤー社はブリヂストンタイヤに対して技術指導を行い，これに対して技術指導料を支払う，②ブリヂストンタイヤは生産能力の一部をグッドイヤー社に提供し，グッドイヤーブランドの製品の委託生産を行い，グッドイヤー社はこれに対して委託生産費を支払うというものであった（ブリヂストン編［1982］）。

提携交渉の大詰めで，グッドイヤー社はブリヂストンタイヤに対して25％の資本参加を求めた。この時期，多くの日本企業は外資の受け入れに積極だったが，経営の独立性を守りたい正二郎はこの申し出を断る。最終局面でグッドイヤー社が資本参加を撤回したため，辛うじて提携は成立した。この提携によって，正二郎はレーヨンコードによる最新のタイヤ製造技術を手に入れることができた。

コードとはタイヤの骨格となる部分で，タイヤが受ける荷重・衝撃から内部の空気圧を保持する役目を持つ。タイヤコードが開発された1920年代はエジプト綿が使用されていた。その後，1937年にレーヨン，1942年にナイロン，1962年にポリエステルがそれぞれ使用され強度と寿命が向上した（林［2009］）。

表8-4　コード原糸購入量推移

（単位：t）

年	ナイロン	レーヨン	ナイロン比率
1958	49	4,410	1.1%
1959	403	6,735	6.0%
1960	1,210	6,644	18.2%
1961	3,507	5,424	64.7%
1962	4,811	5,753	83.6%

（出所）ブリヂストン編［1983］。

ブリヂストンが生産する綿コードタイヤは，アメリカではすでに生産が終了していた。正二郎は技術的な格差を痛感する。そのため，技術革新と生産効率の改善が同社にとって喫緊の課題となった。第二次世界大戦後，戦前から

の統制時代が幕を閉じたタイヤ業界では，朝鮮戦争による特需に支えられて生産水準が回復した。しかし，戦争終結後，国内景気はデフレ傾向が強まり，タイヤ産業も需要激減に見舞われた。こうしたなか，1951年から生産設備近代化五ヶ年計画が開始され，正二郎はレーヨンタイヤの開発を指示する。コストと耐久性で優れたレーヨンタイヤの開発は，低迷する市場で生き残りをかけた挑戦である。1951年9月からレーヨンタイヤは本格生産を開始。翌年5月には，同社製タイヤの8割がレーヨンタイヤに切り替えられた。レーヨンタイヤが軌道に乗った頃，正二郎はレーヨンに代わってナイロンコードを使用するタイヤの開発を命じた。1956年にはトラック・バス用にナイロンタイヤの試作品が完成し，テスト販売の結果から量産化を決意する。しかし，課題はナイロン原糸の調達であった。タイヤメーカー向けナイロン原糸の生産は，デュポン社の寡占状態が続いていた。正二郎はコストや安定供給の面から外国企業への依存を避けるため東洋レーヨンとの共同研究を行い，ナイロン原糸の国内調達を実現した（ブリヂストン編［1982］）。ナイロンタイヤは，①重荷重への耐性，②衝撃への耐性，③疲労への耐性，④温度上昇への耐性，⑤耐水性，⑥軽量化による燃費向上など多くの利点を持ち，瞬く間に人気を得ていく。ブリヂストンは技術革新と生産設備の近代化が功を奏し，1953年には売上高100億円を突破し業界トップへと躍り出た。

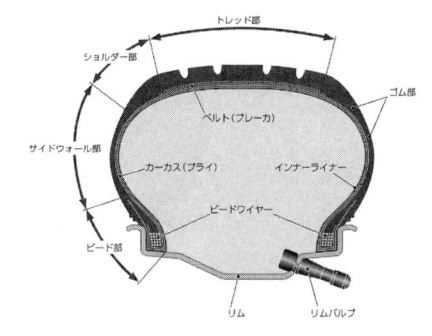

タイヤの構造と名称
（出所）日本自動車タイヤ協会編［2009］。

4 事業多角化の明暗

（1） 自動車開発への挑戦と挫折

　タイヤメーカーのトップに立った正二郎は，自動車製造事業への進出を目論んでいた。1949（昭和24）年，正二郎は東京電気自動車株式会社（1949年：たま電気自動車，1951年：たま自動車に改称）に出資する。同社はかつて陸

プリンスセダン AISH-2 型 1952 年
(出所) 日産自動車提供。

軍機を生産していた立川飛行機の従業員によって設立され，電気自動車の開発を手掛けていた。その後，燃料事情が改善したため，電気自動車の優位性は失われていく。同社がガソリン自動車への転換を決断し，エンジンの製作を依頼したのが中島飛行機の流れを汲む富士精密工業である。正二郎はエンジンと車体の一貫生産を目指し，日本興業銀行が保有していた富士精密工業株式を購入し，自ら会長として経営の陣頭に立った（ブリヂストン編［1982］）。

1951 年，たま自動車は富士精密工業が開発したガソリンエンジンを搭載したトラックを完成。翌年，「プリンス」と命名されたガソリン乗用車第 1 号を販売し好評を博した。この年，たま自動車は社名をプリンス自動車工業へと改称している。1953 年，正二郎の意図に沿って，プリンス自動車工業と富士精密工業は合併し，自動車一貫生産体制が築かれた。

プリンス自動車工業が生み出した自動車は，その斬新なスタイルや先進技術によって高く評価された。しかし，モータリゼーションを担った大衆向けの小型車が製品ラインアップにないことや開発コストを意識せず技術的な成果を求める社風が災いし，脆弱な経営状態が続いた。

こうしたなか，輸入車自由化を控えて国内自動車メーカーの基盤強化を図りたい通産省は，プリンス自動車工業と日産自動車の合併を強く迫った（ブリヂストン編［1982］）。1965 年，正二郎はプリンス自動車工業と日産自動車との合併を受け入れる。正二郎の個人的な思いは別として，国内外の経済情勢に対する深い洞察にもとづく企業家としての判断が，自動車製造事業からの撤退を決断させたのであろう。

(2) オートバイ事業からの撤退

戦後，正二郎は旭工場（佐賀県鳥栖市）で自転車の生産に着手する。彼はか

ねてから自動車製造へ進出する考えを持っていた。長男幹一郎が，将来への布石として自転車生産を進言したことがきっかけとなった（石橋正二郎伝刊行委員会編［1978］）。1949年，正二郎は同工場をブリヂストン自転車株式会社として分離独立させたが，「山口」「宮田」「丸石」などの先行メーカーとの技術格差は大きかった。さらにドッジ不況が追い打ちをかけ，経営は逼迫した。こうした苦境を打開するため，ブリヂストン自転車が生産に特化し，販売はブリヂストンが担当する体制が採られた。

モペット「チャンピオンⅠ型」
（出所）小関［1993］。

　1952年，ブリヂストン自転車は，原動機付自転車「バンビー号」を売り出す。エンジンは，正二郎が自動車製造のために買収した富士精密工業が開発したものである。BSモーターバイクは改良を重ね，1954年頃から同社のバイクは急速に売り上げを伸ばす。1959年のシェアは52%に達した。その後，本格的なオートバイ時代の到来とともに小型バイクは不振に陥る（ブリヂストン編［1982］）。

　本格的なオートバイ生産の経験を持たないブリヂストン自転車は，モペットへ活路を求めた。モペットとは本来ペダル付きオートバイの呼称であるが，日本では本田技研工業のスーパーカブなどのアンダーボーン型バイクも含まれる。富士精密工業が1958年に発表したBSモペット「チャンピオンⅠ型」は，故障の多発とペダル付スタイルが災いし1年余りで生産中止に追い込まれた。1961年，ブリヂストンサイクル工業（1960年，ブリヂストン自転車が改称）は「チャンピオンⅢ型」を発売する。しかし，ブランド力の欠如と先行メーカーとの技術格差から低迷状態が続いた。オートバイ市場における本田技研工業，鈴木自動車工業，ヤマハ発動機3社のシェアは，67.8%（1960年）から92.3%（1966年）に拡大していた（小型自動車新聞社編［1958］）。これに対しブリヂストンサイクルのシェアは，2.1%から3.4%へとわずかな伸びを記録したに過ぎない。オートバイ市場において上位3社の寡占状態が出現した時点

で，ブリヂストンがオートバイ事業を継続する意味は失われていた。1966年，正二郎はオートバイ事業からの撤退を促す社内の声に押され，国内販売を中止する決断を下す。一方，自転車部門はフレーム製造技術が高く評価され，売上高も順調な伸びを示した。

5 同族経営からの脱却と経営の近代化

1961（昭和36）年5月，ブリヂストンは店頭市場で株式を公開するとともに倍額増資を行った。売出価格は1株330円であったが，投資家の期待は高く公開初日には1株1,200円の高値をつけた。取引銀行から株式公開を促されていたものの，正二郎は株式公開には否定的な考えを持っていた。しかし，急拡大する事業は，旺盛な資金需要を生み出した。また，大企業となったブリヂストンには，社会の公器としての責任が求められた。正二郎も自社を取り巻く環境変化を受け止め，株式公開を決断する。

一般公開に先立ち，安定株主としてグットイヤー社や金融機関に対して株式譲渡を実施した。さらに一定の条件を満たした従業員（全従業員の約9％）に対して，低価格で株式を譲渡している。これは，安定株主対策としての側面のみならず，従業員と会社の一体感を醸成する目的もあった（ブリヂストン編[1982]）。

1963年，74歳となった正二郎は長男幹一郎に社長の座を譲るため会長に就任する。その後，1973年に病気を理由に引退するまでトップマネジメントの中枢に君臨し，強力なリーダーシップを発揮し続けたのである。

おわりに

軽自動車業界は，1955（昭和30）年のスズライトを皮切りにスバル360（1958年），マツダR360クーペ（1960年），マツダキャロル360（1962年），三菱ミニカ（1962年），ダイハツフェロー（1966年），ホンダN360（1967年）が続いた。国民車構想に刺激されたメーカーが相次いで軽自動車に参入したが，鈴木自工は熾烈な企業間競争を徐々に勝ち抜き，1974年に国内軽自動車

市場においてトップシェアを獲得。現在にいたるまで軽自動車のリーディングカンパニーとしての地位を維持している。

　自動車タイヤ業界は，1960年代以降，モータリゼーションの進展や日本経済の伸長にともない着実な成長を遂げてきた。バブル経済崩壊後も好調な米国・欧州経済やBRICs諸国に支えられ総じて堅調に推移している。2005（平成17）年，ブリヂストンは売上高ベースの市場シェアでミシュランを抜き現在まで業界1位の座を守っている。2009年度の市場シェアは，ブリヂストン（16.2％），ミシュラン（15.5％），グッドイヤー（12.4％）と続く。

　鈴木道雄と石橋正二郎の企業家特性について振り返ってみたい。1点目は優れた自己革新の能力である。企業家としての両者は自らの成功体験に固執せず，常に新しい分野への挑戦を続けている。トップマネジメントの自己革新は，継続的なイノベーションを生み出す自立した組織を育み，それがスパイラル的な成長を実現したのである。

　2点目はナレッジの活用である。新しい分野に挑戦するにあたって，組織が獲得したナレッジは最大限に活用されている。両者が培ってきた機械加工技術やゴム加工技術の蓄積は極めて深いものであった。こうした技術的ナレッジの転用が積極的に模索され始め，それが新事業へと結びついたのである。

　3点目は共通価値（Shared value）の創造である。共通価値とは，経済的価値を創造しながら社会的ニーズに対応することで，社会的価値を創造することを意味する。彼らはモータリゼーションの到来から生まれた社会的ニーズや課題に取り組むことで，自動車とタイヤの国産化という社会的価値を創造し，併せて企業としての経済的価値の創造も実現した。つまり，企業としての成功と社会の発展を事業活動によって結びつけることに成功したのである。

〈参考文献〉

【鈴木道雄】
天野久樹［1993］『浜松オートバイ物語』郷土出版社。
稲川誠一［1992］「わが青春17」『静岡新聞1992年4月25日記事』。
太田原準［2001］『日本二輪産業の発展と本田技研の役割』京都大学博士論文。
尾崎正久［1966］『国産日本自動車史』自研社。

小関和夫［1993］『国産二輪車物語』三樹書房。
小関和夫［1997］『スズキストーリー 1955〜1997』三樹書房。
株式会社小型自動車新聞社編・刊［1958］『躍進する小型自動車業界の歩み』。
小磯勝直［1980］『軽自動車誕生の記録』社団法人全国軽自動車協会連合会。
社団法人全国軽自動車協会連合会編・刊［1979］『小型・軽自動車三十年の歩み』。
白水胖［1964］『理想の戦士 鈴木道雄』産業研究所。
スズキ株式会社編・刊［2002］『歴史写真集スズキとともに』。
鈴木自動車工業株式会社編・刊［1960］『40 年史』。
鈴木自動車工業株式会社編・刊［1970］『50 年史』。
鈴木自動車工業株式会社編・刊［1990］『70 年史』。
富塚清［2001］『日本のオートバイの歴史』三樹書房。
長谷川直哉［2004］「4 事業ドメインを転換した企業家活動 鈴木道雄／川上源一」『ケース・スタディー戦後日本の企業家活動』文眞堂。
長谷川直哉［2005］『スズキを創った男 鈴木道雄』三重大学出版会。
浜松商工会議所編・刊［1971］『遠州機械金属工業発展史』。
和田宏［1963］『築き上げた道程』中部経済新聞社。

【石橋正二郎】

石橋正二郎［1963］『私の歩み』自家版。
石橋正二郎［1970］『回想記』自家版。
石橋正二郎［1971］『雲は遥かに』読売新聞社。
石橋正二郎［1980］『私の履歴書・経済人 2』日本経済新聞社。
石橋正二郎［1989］『わが人生の回想』自家版。
石橋正二郎伝刊行委員会編［1978］『石橋正二郎』ブリヂストン。
小関和夫［1993］『国産二輪車物語』三樹書房。
木本嶺二［2004］『ブリヂストンの光と影』木本書店。
小島直記［1986］『創業者・石橋正二郎』新潮文庫。
社団法人日本自動車タイヤ協会編・刊［2007］『タイヤの知識』。
月星ゴム編・刊［1967］『月星ゴム 90 年史』。
ブリヂストン編・刊［1982］『ブリヂストンタイヤ五十年史』。
ブリヂストン編・刊［2008］『ブリヂストン七十五史』。
ブリヂストンタイヤ労働組合連合会編・刊［1971］『二十五年のあゆみ』。
林洋海［2009］『ブリヂストン石橋正二郎伝』現代書館。

索　引

事項索引

◎ 数　字

1県1販売店制　144
20銭均一アサヒ足袋　200, 202

◎ アルファベット

A1型乗用車第1号試作車　126
AA型乗用車　126, 127, 137
FF（フロントエンジン・フロントドライブ）方式　193
G1型トラック試作車　126
G型自動織機　120, 121
ROA　167-169, 181
T・G・E型トラック　71

◎ あ　行

足踏織機　187
アメリカ型生産方式　152
アレス　60
いすゞ　6, 7, 17, 42, 70, 77, 80, 81, 86-88, 98, 101, 147, 157, 158, 168, 196
イノベーション　1, 9, 42, 113, 182, 186, 200, 202, 213
エキスパート制度　180
オートバイ事業　189-196, 210
オートモ　2, 58-64, 87

◎ か　行

カローラ　146, 161-163
かんばん　154
機械工業振興臨時措置法　6, 157
競争優位　167-169, 172, 174, 181, 182, 189
軍需会社法　133
軍需品工場事業場検査令　74
軍用自動車調査委員会　52
軍用自動車補助法　2, 3, 46, 53, 54, 71, 77, 80, 98
軍用保護自動車　3, 54, 56, 53, 99, 105, 106

系列化　144
系列販売　132, 151
国産3社　56, 92, 98-100, 104
国民車構想　6, 157, 161, 162, 196, 197, 210
ゴム配給統制規制　214
コレダ　190, 191

◎ さ　行

サニー　162
サロン織機　188, 192
三割躍進運動　202
自動車および部分配給統制機構整備要綱　214
自動車工業確立委員会　98, 113
自動車工業法要綱　5, 101, 102, 126
自動車国産化　5, 45, 46, 51, 60, 64, 90, 93, 99, 100, 112, 124
自動車国産化構想　93, 100
自動車産業不要論　6, 157
自動車製造事業法　5, 6, 40, 72, 78, 80, 102-104, 106, 107, 109, 112, 127, 136
自動織機　17, 103, 118-125, 127-130, 134, 136, 137, 148, 159, 163, 185-187, 189, 191, 192
シトロエン　193
ジャスト・イン・タイム　130, 131, 153, 155, 165
商工省標準型式自動車　4, 125
ズック靴　201, 202
鈴木式織機　186-192
スズライト　194-197, 210
石油危機　152, 155, 156, 167, 169

◎ た　行

第二次産業革命　89
ダイヤモンド・フリー　190
大量生産方式　65, 126, 135

多梃杼織機　187
ダット号　2, 3, 46, 57, 65
ダットサン　3, 4, 65, 66, 95, 96, 97, 99, 100, 102, 104, 110, 125, 126, 161, 193
ダブル・スプロケット・ホイル　190
チェーン駆動方式　190
チャンピオンⅠ型　209
直売制度　104
ちよだ　125
ディーゼル技術　69, 80, 81, 88
ディーラー政策　146, 150
ディーラー網　27, 144, 145, 146, 149, 150
テリトリー制　146
道路運送車両法　193, 194
道路交通法　190
特約販売代理店制度　104
ドッヂ・ライン　134, 142
豊田式織機　124, 125, 187
トヨタ生産方式　8, 9, 113, 151, -156, 159, 164, 165

◎ な　行

日米自動車会社合同計画　109
日本型生産システム　152
日本フォード　4-6, 27, 33, 36-39, 42, 53, 54, 62, 64-66, 93, 95, 99, 106-110, 113, 115, 126, 141, 204
ノックダウン　27, 36, 65, 98, 173

◎ は　行

パブリカ　145, 162, 163
パワーフリー　189
バンビー　209
ビュイック　17, 19, 20, 23, 24, 26-28, 30
杼換式自動織機　120
日野ブリスカ　161
標準型式自動車　4, 98, 99, 101,

106, 125
フォルクスワーゲン・ビートル　193
フランチャイズ　3, 41, 42, 145, 149
ブランド　147, 149, 173, 186-188, 191, 197, 198, 199, 204, 206, 209
フリークラブ　195

◎ま　行

満州産業開発５カ年計画　105, 106, 110
満州自動車事業　108

モペット　209

◎ら　行

力織機　116, 118, 187
リーン生産システム　215
ロイト LP400　193

人名・企業名・組織名索引

◎あ行

青山禄郎　49, 51, 54
浅原源七　102, 112
鮎川義介　3, 5, 9, 57, 69, 89, 90, 93, 95, 98, 104, 111, 112, 115, 125, 135
石川島自動車製作所　3, 4, 56, 98, 99
石田退三　134, 160, 163
石橋幹一郎　214
石橋正二郎　9, 185, 186, 197-199, 202, 203, 205, 209, 211, 212
石橋徳次郎　214
いすゞ自動車　17, 42, 77, 80, 88
宇垣一成　77
ウーズレー　17, 20, 25, 28
内山駒之助　2, 45
遠州織機　187
エンパイヤ自動車　8, 17, 18, 29, 30, 35-37, 39-42
エンパイヤ自動車学校　37
エンパイヤ自動車商会　8, 17, 29, 30, 42
大北組　31, 32
大倉喜七郎　48, 50, 64, 66
大野耐一　9, 141, 142, 151-153, 159, 164, 165

◎か行

快進社　2, 3, 8, 46, 49-52, 54, 55, 64, 65
神谷正太郎　9, 128, 132, 137, 141-143, 147, 148, 159, 163-165
京三製作所　4, 129
京豊自動車工業　129
グッドイヤー　59, 206, 211
久保田権四郎　56, 57
久保田鉄工所　3, 56, 93
久保田篤次郎　56, 102
クライスラー　28, 53, 71, 156, 204
倉田雲平　199
グラハム・ページ　4, 103, 125
神戸製鋼所　117, 118
児玉利三郎　117

◎さ行

サンデン電気商会　30, 31, 34
実用自動車製造　51, 54, 56, 57, 65
自動車工業　3-5, 72, 76, 81, 99, 104, 105, 125
自動車製造会社　96, 100, 106, 108
自動車配給（自配）　132, 133, 137, 151, 165
自動車部品製造株式会社　40
ジボレー　214
志まや　197-202
自由販売　151
商工省　4, 5, 72, 98, 100-102, 106-110, 112, 113, 125, 130-132, 136, 137, 204
スズキ　9, 169, 185, 186, 189, 211, 212
鈴木三郎　193
鈴木式織機　186-192
鈴木式織機製作所　187
鈴木自工　193-197, 210
鈴木自動車工業　186, 188, 192, 193, 196, 209, 211
鈴木俊三　189, 193
鈴木道雄　9, 185, 186, 193, 211, 212
ゼネラル・モーターズ　52, 89, 93, 100, 102, 115, 128
セールフレーザー　26, 27, 34-36

◎た行

ダイハツ　8, 158, 160, 161, 169, 210
竹内明太郎　48, 49, 51
ダットサントラック商会　104
ダット自動車商会　54, 56
ダット自動車製造　3, 4, 54, 56, 57, 76, 92, 93, 98, 99
たま自動車　207, 208
たま電気自動車　207
ダンロップ　203-205
ヂーゼル自動車工業　72, 77, 80, 81, 83, 132
通産省　6, 7, 156-158, 196, 208
つちやたび　199, 201, 202
テイラー　74
デムラー　70
田健治郎　48, 49
東京石川島造船所　2, 3, 17, 54, 56, 92
東京石川島造船所自動車部　3, 56
東京瓦斯電気工業　3-5, 52, 54, 56, 69, 71, 73, 83, 92, 98, 99, 104, 105, 125
東京瓦斯電気工業自動車部　3, 4, 83, 104
東京自動車工業　72, 77, 78, 80, 82, 95, 104, 105, 106, 112
東京自動車業組合　30-34, 37, 43
東京自動車業組合聯合会　214
東京電気自動車　207
東洋工業　4, 7, 158
同和自動車工業　106, 107, 110
戸畑鋳物　3, 4, 57, 76, 90-93, 95, 96, 99, 125
豊川順弥　8, 45, 46, 57-59, 63, 64, 66
豊川良平　57, 66
トヨタ　6-9, 17, 40, 43, 63, 69, 72, 80, 86, 87, 89, 106, 108, 109, 113, 115, 116, 127-165, 167, 168, 170, 182, 196
豊田英二　9, 123, 141, 142, 145, 155, 159-165
豊田喜一郎　9, 17, 43, 69, 89, 109, 115, 116, 124, 126, 132, 134-137, 142, 145, 147, 148, 152, 154, 159, 163, 164
トヨタ金融　128, 150
豊田佐吉　116-119, 152, 163, 187
トヨタ自動車　17, 43, 69, 87, 89, 106, 108, 109, 115, 116,

129, 131-135, 137, 142, 143, 145, 146, 148-150, 153, 154, 159, 160, 163, 165, 167
トヨタ自動車販売　142, 143, 145, 146, 149, 163, 165
豊田自動織機　17, 103, 120, 121-125, 127-130, 134, 136, 137, 148, 159, 163, 187, 189
豊田紡織　118, 119, 148, 153
豊田利三郎　214

◎ な 行

ニッサン　103, 104, 110
日産コンツェルン　9, 83, 93, 94, 105, 113
日産自動車　4, 9, 43, 50, 53, 57, 65, 66, 69, 87, 89, 93, 95-99, 101-113, 125-127, 132, 135, 161, 164, 208
日本ゼネラル・モーターズ（GM）　4-6, 27-29, 38, 40, 53, 64, 65, 93, 95, 99-102, 112, 115, 128, 141, 144, 148-150, 163
日本楽器　214
日本銀行　141-143
日本小型自動車工業会　177
日本ゴム　204, 205
日本産業　4, 5, 66, 93, 95, 100-102, 104, 105, 125
日本自動車　1, 2, 18-20, 24, 25, 33, 34, 41-43, 46, 48, 54, 64-66, 70, 72, 83, 87, 88, 113, 132, 133, 141, 151, 155, 156, 167, 168, 182, 207, 208, 212, 213
日本自動車配給（日配）　132, 133, 137, 151, 165
日本タイヤ　205, 206

日本足袋　200, 201, 202, 203, 204
日本フォード　4, 5, 6, 27, 33, 36, 37, 38, 39, 42, 53, 54, 62, 64, 65, 66, 93, 95, 99, 106, 107, 108, 109, 110, 113, 115, 126, 141, 204
ニューエンパイヤモーター　41, 42

◎ は 行

白楊社　46, 57-59, 61-65
橋本増治郎　8, 45, 46, 51, 56, 64, 66
ハドソン　28, 71
バンザイ　30, 31, 36, 37, 40-42
日立航空機　79, 88
日立製作所　95, 105, 106
日野　6, 8, 63, 69-72, 75, 77, 79, 81-88, 105, 113, 157, 158, 160, 161, 165, 169, 196
フォード　3-6, 18, 26-28, 33-43, 52-54, 56, 59, 62-66, 89, 93, 95, 96, 98-101, 105-110, 113, 115, 121, 125, 126, 131, 136, 141, 152, 155, 165, 171, 204
藤沢武夫　9, 167, 175, 176, 178, 180-182
富士重工　7, 8, 158, 169, 196
富士精密工業　208, 209
プラット・ブラザーズ　119, 121
ブリヂストン　9, 185, 197, 198, 200, 201, 205-212
ブリヂストンサイクル　209, 215
ブリッヂストン　202, 204, 205

プリンス　7, 158, 164, 208
古河電工　203
ベンジャミン・コップ　38, 107
星子勇　9, 69, 70, 72, 73, 75, 77, 78, 79, 81, 83, 85-88
ホンダ　9, 86, 147, 167-183, 189-192, 209, 210, 212
本田技術研究所　180
本田宗一郎　9, 167, 175-177, 179, 181-183, 189

◎ ま 行

マキントシュー　64
松方五郎　71, 72, 82, 99, 105
マツダ　7, 158, 169, 210
満州自動車製造　106, 109, 110
ミシュラン　211
三井物産　18-20, 22, 23, 26, 41, 42, 90-92, 117, 118, 147

◎ や 行

柳田茂十郎　29, 30, 33
柳田諒三　8, 17, 18, 29, 32, 41-43
ヤナセ　41, 43
梁瀬自動車　17, 23, 25-29, 41, 194
梁瀬商会　8, 17, 18, 20-25, 42
柳瀬次郎　215
梁瀬長太郎　8, 17, 18, 24, 30, 41, 42
ヤマハ　189, 190, 192, 193, 209
山羽虎夫　2, 45, 71
山本惣治　57
横浜護謨　203-205, 215
横浜電線製造　203
吉田真太郎　2, 45

法政大学イノベーション・マネジメント研究センター叢書4
▓企業家活動でたどる日本の自動車産業史
　　　—日本自動車産業の先駆者に学ぶ—

▓発行日——2012年3月26日　初版　発行　　〈検印省略〉

▓監　修——法政大学イノベーション・マネジメント
　　　　　　研究センター・宇田川　勝
▓編著者——宇田川　勝・四宮　正親
▓発行者——大矢栄一郎
▓発行所——株式会社　白桃書房
　　　　　〒101-0021　東京都千代田区外神田5-1-15
　　　　　☎03-3836-4781　📠03-3836-9370　振替00100-4-20192
　　　　　http://www.hakutou.co.jp/

▓印刷・製本——藤原印刷

© Masaru Udagawa and The Research Institute for Innovation Management, Hosei University. 2012　Printed in Japan
ISBN 978-4-561-76195-2 C3333

[JCOPY]〈(社)出版者著作権管理機構　委託出版物〉
本書の無断複写は著作権法上での例外を除き禁じられています。複写される場合は、そのつど事前に、(社)出版者著作権管理機構（電話03-3513-6969，FAX 03-3513-6979、e-mail : info@jcopy.co.jp）の許諾を得てください。

落丁本・乱丁本はおとりかえいたします。

好評書

渥美俊一【著】矢作敏行【編】
渥美俊一 チェーンストア経営論体系【理論篇Ⅰ】　　本体 4000 円

渥美俊一【著】矢作敏行【編】
渥美俊一 チェーンストア経営論体系【理論篇Ⅱ】　　本体 4000 円

渥美俊一【著】矢作敏行【編】
渥美俊一 チェーンストア経営論体系【事例篇】　　本体 4000 円

矢作敏行・関根　孝・鍾　淑玲・畢　滔滔【著】
発展する中国の流通　　本体 3800 円

長内　厚・榊原清則【編著】
アフターマーケット戦略　　本体 1895 円
　―コモディティ化を防ぐコマツのソリューション・ビジネス

田村正紀【著】
立地創造　　本体 3400 円
　―イノベータ行動と商業中心地の興亡

小川　進【著】
競争的共創論　　本体 2500 円
　―革新参加社会の到来

マイケル D. ハット＋トーマス W. スペイ【著】笠原英一【解説・訳】
産業財マーケティング・マネジメント【理論編】　　本体 9000 円

クリストファー・ラブロック＋ローレン・ライト【著】小宮路雅博【監訳】
サービス・マーケティング原理　　本体 3900 円

A. W. ショー【著】丹下博文【訳・論説】
市場流通に関する諸問題【新増補版】　　本体 2381 円
　―基本的な企業経営原理の応用について

東京　**白桃書房**　神田

本広告の価格は本体価格です。別途消費税が加算されます。

好 評 書

大薗恵美・児玉　充・谷地弘安・野中郁次郎【著】
イノベーションの実践理論　　　　　　　　　　　　　　本体 3500 円
　　―Embedded Innovation

寺本義也【著】
コンテクスト転換のマネジメント　　　　　　　　　　　本体 4400 円
　　―組織ネットワークによる「止揚的融合」と「共進化」に関する研究

田路則子【著】
アーキテクチュラル・イノベーション【改訂版】　　　　本体 2900 円
　　―ハイテク企業のジレンマ克服

小川紘一【著】
国際標準化と事業戦略　　　　　　　　　　　　　　　　本体 3800 円
　　―日本型イノベーションとしての標準化ビジネスモデル

日本経営倫理学会・(社)経営倫理実践研究センター【監修】高橋浩夫【編著】
トップ・マネジメントの経営倫理　　　　　　　　　　　本体 3000 円

西口泰夫【著】
技術を活かす経営　　　　　　　　　　　　　　　　　　本体 2800 円
　　―「情報化時代」に適した技術経営の探求

筒井万理子【著】
医薬品普及の知識マネジメント　　　　　　　　　　　　本体 2800 円

稲垣京輔【著】
イタリアの起業家ネットワーク　　　　　　　　　　　　本体 3600 円
　　―産業集積プロセスとしてのスピンオフの連鎖

渡辺　孝【編著】
アカデミック・イノベーション　　　　　　　　　　　　本体 3800 円
　　―産業連携とスタートアップス創出

――――――――　東京　白桃書房　神田　――――――――

本広告の価格は本体価格です。別途消費税が加算されます。

好評書

伊丹敬之【著】
経営と国境 本体 1500 円

榊原清則・大滝精一・沼上 幹【著】
事業創造のダイナミクス 本体 3500 円

榊原清則・辻本将晴・松本陽一【著】
イノベーションの相互浸透モデル 本体 2800 円
――企業は科学といかに関係するか

嶋口充輝【監修】
マーケティング科学の方法論 本体 3200 円

喜田昌樹【著】
ビジネス・データマイニング入門 本体 2700 円

J. R. ガルブレイス・D. A. ネサンソン【著】岸田民樹【訳】
経営戦略と組織デザイン 本体 2440 円

M. H. ベイザーマン・D. A. ムーア【著】
行動意思決定論 本体 3800 円
――バイアスの罠

北 寿郎・西口泰夫【編著】
ケースブック京都モデル 本体 3000 円
――そのダイナミズムとイノベーション・マネジメント

金子俊夫【著】
近代イギリス商業発展の歴史 本体 2700 円

三好博昭・谷下雅義【編著】
自動車の技術革新と経済厚生 本体 3000 円
――企業戦略と公共政策の効果分析

―――――― 東京 **白桃書房** 神田 ――――――

本広告の価格は本体価格です。別途消費税が加算されます。